有机化学与实验

王　杨　贾红圣　主　编
金　晨　朱少晖　副主编

科学技术文献出版社
SCIENTIFIC AND TECHNICAL DOCUMENTATION PRESS
·北京·

图书在版编目（CIP）数据

有机化学与实验 / 王杨，贾红圣主编. —北京：科学技术文献出版社，2016.7（2019.3重印）
ISBN 978-7-5189-1646-7

Ⅰ.①有…　Ⅱ.①王…　②贾…　Ⅲ.①有机化学—化学实验　Ⅳ.①062-33

中国版本图书馆 CIP 数据核字（2016）第 144358 号

有机化学与实验

策划编辑：张　丹　　责任编辑：张　丹　　责任校对：赵　瑗　　责任出版：张志平

出 版 者　科学技术文献出版社
地　　址　北京市复兴路15号　　邮编　100038
编 务 部　（010）58882938，58882087（传真）
发 行 部　（010）58882868，58882870（传真）
邮 购 部　（010）58882873
官方网址　www.stdp.com.cn
发 行 者　科学技术文献出版社发行　全国各地新华书店经销
印 刷 者　北京厚诚则铭印刷科技有限公司
版　　次　2016 年 7月第 1 版　2019 年 3 月第 4 次印刷
开　　本　787 × 1092　1/16
字　　数　268千
印　　张　12.25
书　　号　ISBN 978-7-5189-1646-7
定　　价　35.00元

前 言

有机化学与实验是化学学科中重要的组成部分。根据 2011 年教育部发布的《关于推进中等和高等职业教育协调发展的指导意见》,我们根据中高职衔接的有机化学与实验相关的课程标准,秉持“必需、够用”的原则,同时参考了国内的相关书籍,编写了这本有机化学与实验的职业院校教材。

本书以项目任务为载体,着重从以下四部分内容来编写:有机化学基础理论知识;有机化学实验基础知识;有机化学基本实验操作;有机化合物性质鉴定实验。具体包括:①有机化学基础理论知识部分,着重介绍典型有机化合物的结构、分类、命名和性质,要求内容简单和基础。②有机化学实验基础知识部分,特别强调实验室安全和事故处理,以及对学生的要求。③有机化学基本实验操作部分,着重介绍原理、正确操作方法和注意事项。每个操作以项目为载体,以任务驱动的形式将理论与实践知识有机地结合在一起。凡是教学要求规定必须正确掌握和基本掌握的实验操作,要求学生多次重复训练,以强化学生动手和实践操作能力,达到操作规范,符合要求。④有机化合物性质鉴定实验部分,主要涉及常见简单有机化合物的性质鉴定反应,所设计的实验简单且易操作,便于让学生更好地理解有机化合物的性质。

本书还在最后安排了综合项目乙酸乙酯的制备,通过完成 4 个子任务,学生不仅能够掌握酯的制备原理及方法等知识,还能够进行文献检索、简单的有机合成计算及实验结果分析等,进一步培养学生综合运用知识的能力。

为了使一部分基础较好的同学能够进一步获得更多的知识,部分项目的知识链接中还安排了“拓展知识”,有利于这部分学生进一步提高自己的理论水平。另外,每个项目中还安排了“阅读材料”,以小故事或者生活小贴士的形式呈现,旨在提高学生的学习兴趣。

本书为项目化课程教材，可供职业院校化学、生物化工、石油化工、医药、化纤、纺织、轻工、材料、环保等专业使用，也可供成人教育、职业培训及化工、轻工等工厂的生产技术人员或技术工人参考。

教材共分十个项目和一个综合项目，由苏州健雄职业技术学院王杨、贾红圣主编，南京工业大学马鸿飞教授主审。其中，绪论、项目一、二、六、八由苏州健雄职业技术学院王杨编写；项目三、七、九由苏州健雄职业技术学院贾红圣编写；项目四和综合项目由苏州健雄职业技术学院金晨编写；项目五、十由苏州健雄职业技术学院朱少晖编写。太仓市中等专业学校张建忠老师为本教材提供了中职生源的素质状况及中高职衔接的课程改革教材建设素材。编写过程中得到了评审专家和科学技术文献出版社的大力支持和帮助，在此一并表示感谢。

由于编者水平有限，书中不妥之处在所难免，欢迎广大读者批评指正，以便今后不断补充修改。

编　者

目 录

绪　论

知识目标

理解有机化学与有机化合物；

了解有机化学实验室规则和常见事故的处理方法；

了解实验预习报告、实验记录和实验报告的正确书写方法。

技能目标

能够识别有机化合物；

能够处理实验室中常见的事故；

能够正确书写实验预习报告、实验记录和实验报告。

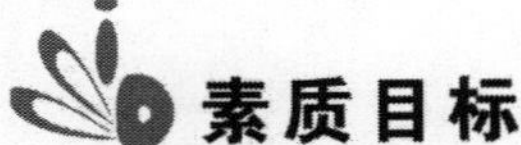

素质目标

培养学生的自控能力和责任意识；

培养学生实验室安全管理的职业素养；

培养学生良好的工作习惯和养成良好的职业素养。

任务一　认识有机化学与有机化合物

一、有机化学

研究有机化合物的化学称为有机化学。它是化学的一个重要分支，是研究有机化合物的结构、理化性质、合成方法、应用及它们之间的相互转变和内在联系的科学。

讨论：CH_4，CH_3COOH，$NaCO_3$，C_2H_5OH，NaCN 哪些是无机化合物，哪些是有机化合物？

二、有机化合物

有机化合物是指碳氢化合物及其衍生物，简称有机物，具有以下特征：

①所有的有机化合物均含有碳元素；

②绝大多数有机化合物中还含有氢元素，仅含有碳、氢两种元素的有机化合物称为碳氢化合物，简称为烃；

③有些有机化合物还含有氧、氮、硫、磷和卤族等元素，这些有机化合物称为碳氢化合物

的衍生物。

思考：二氧化碳、碳酸、碳酸盐等化合物，它们分子中都含有“碳原子”，它们是有机物吗？

1. 有机化合物的特点

(1)有机化合物种类繁多

目前人类已知的有机化合物达 8000 多万种，数量远远超过无机物质。这种现象主要是由于碳原子结构的特殊性，以及碳原子间和碳原子与其他原子间较强的相互结合力造成的。有机化合物中碳原子具有如下特点：①原子为第二周期ⅣA 族，最外层电子数为 4 个，可与其他原子形成 4 个共价键；②碳原子与其他原子相互结合成键时，既不容易得到电子也不容易失去电子，而是采取了与其他原子共用电子对的方式获得稳定的电子构型；③碳碳间以共价键结合形成单键（C—C）、双键（C═C）和三键（C≡C），还可连接成碳链或碳环，构成有机化合物的基本骨架。

同分异构现象在有机化合物中普遍存在，这也是有机化合物数目繁多的主要原因之一。有机化合物中的许多物质具有相同的分子组成，但又有不同的结构，因而具有不同的性质。分子组成相同而结构不同的有机物互称同分异构体。例如，乙醇和甲醚具有相同的分子式 C_2H_8O，但它们具有不同的结构。

$$
\begin{array}{ccccccc}
 & H & H & & \\
 & | & | & & \\
H- & C & -C & -O- & H \\
 & | & | & & \\
 & H & H & &
\end{array}
\qquad
\begin{array}{ccccc}
 & H & & H & \\
 & | & & | & \\
H- & C & -O- & C & -H \\
 & | & & | & \\
 & H & & H &
\end{array}
$$

乙醇　　　　甲醚

乙醇和甲醚虽然分子式相同，但由于结构不同具有不同的物理和化学性质：乙醇在常温下是液体，能与金属钠反应；甲醚在常温下是气体，不与金属钠反应。

(2)热稳定性差，容易燃烧

有机化合物分子中的化学键大多是共价键，其键能相对于无机物分子中的离子键要低很多。因此，大多数有机化合物受热不稳定，容易分解和碳化，当到达着火点时会燃烧，但也有少量的有机化合物难以燃烧。

讨论：酒精、棉花、石蜡、四氯化碳哪些可以燃烧？

(3)熔沸点低，不易导电

有机物多以共价键结合，结构单元往往是分子，其分子间作用力较弱。因此许多有机物在室温时呈气态或液态，常温下呈固态的有机化合物其熔点往往也较低。固体有机物的熔点一般在 300 ℃，很少超过 400 ℃。

小贴士　无机物，如氯化钠的熔点为 800 ℃，有机物樟萘的熔点为80.5 ℃。有机物的熔、沸点在实验室中便于测定，因此常用有机物的熔点与沸点来鉴定有机物。

(4)难溶于水，易溶于有机溶剂

许多有机化合物一般为非极性或极性较弱的化合物，所以大多数有机化合物不(难)溶于水，易溶于有机溶剂中，但也有些有机化合物(如乙醇、乙酸等)溶于水。

①“相似相溶”原理。极性分子构成的溶质易溶于极性分子构成的溶剂，非极性分子构成的溶质易溶于非极性分子构成的溶剂。如极性溶剂(如水)易溶解极性物质(离子晶体、分

子晶体中的极性物质如强酸等)；非极性溶剂(如苯、汽油、四氯化碳等)能溶解非极性物质(大多数有机物、Br_2、I_2 等)；含有相同官能团的物质互溶，如水中含羟基(—OH)能溶解小分子的醇、酚、羧酸。

②氢键与水溶性。水分子间有坚强的氢键，水分子既可以为生成氢键提供氢原子，又因氧原子上有孤对电子能接受其他分子提供氢原子而易形成氢键。因此，凡能为生成氢键提供氢或接受氢的溶质分子，均和水"结构相似"。例如，醇(含—OH)、羧酸(含—COOH)、酮(含 $-\overset{O}{\overset{\|}{C}}-$)等，均可通过氢键与水结合，在水中有相当的溶解度。

(5)反应速率慢，副反应多

有机反应主要为分子间反应，依靠分子间的有效碰撞，经历旧键的断裂和新键的形成才能完成。为了加快反应速率，往往需要加热、光照或使用催化剂。由于分子中各部位都可能不同程度地参加反应，所以同一反应物在同一反应条件下会得到不同的产物。一般把化合物主要进行的一个反应叫作主反应，其他的反应叫作副反应。

2.有机化合物官能团

官能团是决定有机化合物主要性质的原子或原子团。具有相同官能团的化合物，其性质也较为相似。常见有机物及其官能团见表 0-1。

表 0-1 常见有机物及其官能团

有机物类别	官能团		实例	
	结构	名称	结构式	名称
烯烃	$>C=C<$	双键	$CH_2=CH_2$	乙烯
炔烃	$-C\equiv C-$	三键	$H-C\equiv C-H$	乙炔
卤代烃	—X (F、Cl、Br、I)	卤素	CH_3CH_2Br	溴乙烷
醇和酚	—OH	羟基	CH_3CH_2OH	乙醇
	C_6H_5-OH (苯环—OH)	酚羟基	C_6H_5OH (苯环上连 OH)	苯酚
醚	—O—	醚键	$CH_3CH_2OCH_2CH_3$	乙醚
醛	$-\overset{H}{C}=O$	醛基	H_3C-CHO	乙醛
酮	$>C=O$	羰基	$H_3C-CO-CH_3$	丙酮
羧酸	—COOH	羧基	CH_3COOH	乙酸
胺	$-NH_2$	氨基	$CH_3CH_2NH_2$	乙胺

续表

有机物类别	官能团		实例	
	结构	名称	结构式	名称
腈	—CN	腈基	CH_3CN	乙腈
磺酸	$—SO_3H$	磺酸基	SO_3H	苯磺酸
硝基化合物	$—NO_2$	硝基	NO_2	硝基苯
硫醇	—SH	巯基	CH_3CH_2SH	乙硫醇

任务二　认识有机化合物的结构特征

一般通过分子模型和构造式来认识有机化合物的结构。

(1)分子模型

分子模型常常用来表示有机物分子的空间结构。常用的分子模型有比例模型和球棍模型两种，如图 0-1 所示为甲烷的比例模型和球棍模型。比例模型是分子中各原子的大小和键长长短按比例放大制成，可以较精确地表示原子的相对大小和距离，但价键分布不如球棍模型明显。球棍模型是用不同颜色的小球表示不同的原子，用短棍表示各原子间的化学键，能够清晰反映分子中各原子的空间排列情况，但不能准确表示原子相对大小和距离。

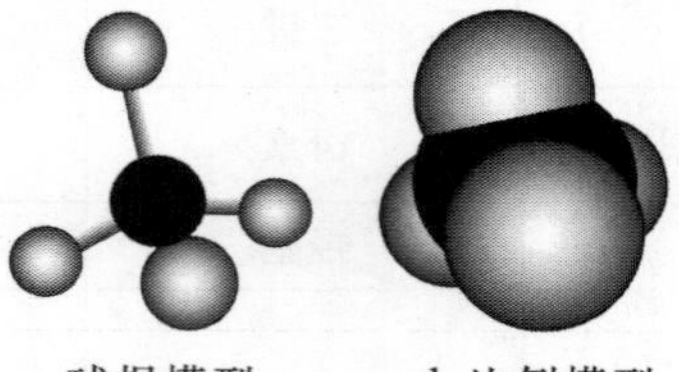

a 球棍模型　　b 比例模型

图 0-1　甲烷的分子模型

(2)构造式

分子中原子间的排列顺序和连接方式称为分子的构造，表示分子构造的化学式叫作构造式。其表示方法主要有短线式、结构简式和键线式。

①短线式。将原子与原子用短线相连代表共价键，一条短线代表一个共价键。当原子与原子之间以双键或三键相连时，则用两条或三条短线相连。例如：

```
   H  H                          H         H
   |  |                            \     /
H—C—C—H      H—C≡C—H          C═C
   |  |                            /     \
   H  H                          H         H
```

②结构简式。在短线式的基础上，省略碳原子或者其他原子与氢原子之间的短线，即得到结构简式。例如：

$$CH_2{=\!=}CH{-}CH_3$$

结构简式同样能反映出有机化合物的分子组成、原子间的连接顺序和连接方式，而且较构造式简单。所以常采用结构简式表示有机化合物的分子结构。

③键线式。键线式不写出 C 和 H 原子，用短线代表碳碳键，短线的连接点和端点代表 C 原子。书写具有较长碳链或环状结构的有机化合物时，常用键线式。例如：

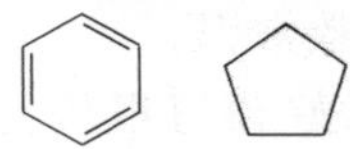

任务三　怎样学好有机化学

首先，有机化学课程内容是一个完整的知识体系，并且规律性极强。例如，前文提到的有机物的特点，所以学习中要注重基本规律的学习。

其次，做好每一个实验项目。本教材课程内容的设置的主线是不同官能团的有机化合物的制备或性质实验。通过实验，大家可以从感性上认识，例如甲烷的制备与性质，通过实验我们制出甲烷，通过我们的视觉、嗅觉、听觉等来认识甲烷这种物质，进一步通过甲烷的性质实验，更多的关于甲烷的知识就印在我们的脑海中。

再次，站在一个学科的高度来认识有机化学。通过了解有机化学发展史、有机化合物对我们日常生活的影响、有机化合物对国民经济的促进作用来认识有机化学的重要性，进而增强学习有机化学的兴趣。

最后，不断地总结、及时地复习有机化学知识。通过实验的感性认识，写出相关的知识要点，并及时复习。认真做好每章的课后习题，发现自己学习中所需掌握知识的问题与难点，切实学好有机化学的相关内容。

任务四　认识有机化学实验室规则

一、有机化学实验

有机化学是以实验为基础的科学，有机化学的理论、原理和定律都是在实践的基础上产生，又依靠理论和实践的结合而发展。有机化学实验与有机化学理论教学是相辅相成、不可分割的。有机化学实验教学既是有机化学理论教学的一个应用与验证过程，又是理论知识的一个形象化与深化的过程。职业院校有机化学实验教学的主要目的如下：

①学习在实验室里合成、分离提纯有机化合物的常用方法和基本操作，掌握基本的有机化学实验技术，并培养具备灵活运用这些技术的能力；

②培养良好的实验习惯和科学、严谨的工作作风，以及分析问题和解决问题的能力；

③培养观察、推理能力，以及由实验素材总结系统理论的思维方法。

二、有机化学实验室规则

实验规则是人们从长期实验工作中总结出来的，它是防止意外事故、保证正常的实验环境与工作秩序、做好实验的重要环节，每个实验者都必须遵守。为了培养学生良好的实验方法和科学素养，保证有机化学实验正常、有效、安全地进行，保证教学质量，学生必须遵守有机化学实验室规则。

①进入有机化学实验室前，必须仔细学习有机化学实验安全知识，了解实验室的注意事项、有关规定，以及事故处理办法和急救常识。

②每次实验前，必须认真预习，写好预习报告。没有达到预习要求者，不得进行实验。每次实验装置装配完毕后，均须经指导老师检查，确认合格后方可开始操作。若要改变实验方案，必须事先征得指导教师同意。实验中，应认真操作，仔细观察，积极思考，如实记录实验现象和实验数据，不得擅自离开实验岗位。合成实验完成后，应计算产率，并将产物贴好标签后交给指导教师。实验后，应按时写出符合规范的实验报告。

③实验仪器放置要整齐有序，并保持实验环境（桌面、地面等）的整洁。不得将固体物或腐蚀性的液体倒入水槽，以保持水流畅通。实验后留下的有机物应倒入指定的收集器内；废酸、废碱应倒入废液缸内；废纸等应投入废纸篓中；玻璃管和塞子应放在指定的地点，以备回收和处理。

④实验室内不准吸烟、吃食物；不得穿背心、拖鞋进入实验室；保持实验室的安静，不得大声喧哗；丢弃废玻璃器具时不要发出大的声响；实验结束后必须洗手。

⑤爱护国家财产，正确使用仪器与设备，公用仪器及器械用后应放回原处。损坏仪器应及时填写破损单，并按学校的规定处理后及时补齐。节约使用试剂和物品，注意有关物品的回收。

⑥实验结束后，把玻璃仪器洗净备用，并做好实验室的清洁工作。离开实验室时，应把桌上的水、电、煤气开关关闭。

任务五　认识有机化学实验室安全及事故的预防与处理

一、安全知识

①实验开始前，必须认真预习、理清实验思路、了解实验中使用的药品的性能和有可能引起的危害及相应的注意事项，做到心中有数、思路清晰，以避免照单抓药、手忙脚乱。

②仔细检查仪器是否有破损，掌握正确安装仪器的要点，并弄清水、电、气的管线开关和标志，保持清醒头脑，避免违规操作。

③实验中认真操作，仔细观察，认真思考，如实记录；不得擅离岗位，应随时注意反应是否正常，装置有无碎裂和漏气的情况，及时排除各种事故隐患。

④有可能发生危险的实验，应采用防护措施进行操作，如戴防护手套、眼镜、面罩等，实验应在通风橱内进行。

⑤实验室内严禁吸烟、饮食、高声喧哗。

⑥实验中所用的化学药品，不得随意散失、丢弃，更不得带出实验室，使用后须放回原处。实验后的残渣、废液等不得随意排放，应倒入指定容器内，统一处理。

二、常见事故的预防与处理

1. 防火

着火是有机实验中常见的事故。为防止着火，实验中要注意以下几点：

①实验室不得存放大量的易燃、易挥发化学药品，应将其放在专设的危险药品橱内。

②切勿用敞口容器存放、加热或蒸除易燃、易挥发化学药品。

③操作和处理易燃、易挥发化学药品时，应尽可能远离火源，最好在通风橱中进行。

④尽量不用明火直接加热易燃、易挥发化学药品，而应根据具体情况选用油浴、水浴或电热套等间接加热方式。

⑤回流或蒸馏液体时应加入几粒沸石，以防溶液因暴沸而冲出。若在加热后发现未加沸石，则应停止加热，待稍冷后再加入。否则在过热溶液中加入沸石会导致液体突然沸腾，冲出瓶外而引起火灾。

⑥冷凝水要保持畅通，若冷凝管忘记通水大量蒸气来不及冷凝而逸出，也容易造成火灾。

⑦不得将易燃、易挥发废物倒入垃圾桶中，应当专门回收处理。

实验室如果发生了着火事故，应沉着冷静及时地采取措施，控制事故的扩大。首先，立即熄灭附近所有的火源，切断电源，移开未着火的易燃物。然后，根据易燃物的性质和火势设法扑灭。常用的灭火剂有二氧化碳、四氯化碳和泡沫灭火剂等。干沙和石棉布也是实验室经济、常用的灭火材料。不管用哪一种灭火器都是从周围开始向中心扑灭。水在大多数的场合下不能用来扑灭燃着有机物。因为一般有机物都比水轻，泼水后，火不但不熄灭，反而漂浮在水面上继续燃烧，导致火随着水流蔓延。地面或桌面着火，如火势不大，可用淋湿的抹布来灭火；反应瓶内有机物着火时，可用石棉板盖住瓶口，火即熄灭。身上着火时，切勿在实验室内乱跑，应就近卧倒，用石棉布把着火部位包起来，或在地上滚动熄灭火焰。

2. 防爆炸

实验时，仪器堵塞或装配不当，减压蒸馏时使用不耐压的仪器，违章使用易燃物，反应过于猛烈而难以控制都有可能会引起爆炸。为了防止发生爆炸事故，应注意以下几点：

①实验室中的气体钢瓶应远离热源，避免暴晒与强烈震动。使用钢瓶或自制氢气、乙炔、乙烯等气体做燃烧实验时，一定要在除尽容器内的空气后方可燃烧。

②使用易燃、易爆物（如氢气、乙炔和过氧化物）或遇水易燃、爆炸的物质（如钠、钾等）时，应特别小心，严格按照操作规范操作。

③仪器装置不正确，也会引起爆炸。在蒸馏或回流操作时，全套装置必须与大气相通，绝不能密闭。减压或加压操作时，应注意事先检查所用器皿的质量是否能够承受体系的压力，器壁过薄或有裂痕均容易发生爆炸。

④反应过于激烈时，要根据不同的情况采取冷冻和控制加料等措施控制反应速度。

⑤必要时可设置防爆屏。

3. 防中毒

化学药品大多数具有不同程度的毒性，产生中毒的主要原因是皮肤或呼吸道接触有毒

化学物质。在实验中,要防止中毒,切实做到以下几点:

①药品不要沾到皮肤上,尤其是极毒的药品。称量任何药品时均应该使用工具并佩戴手套,不得用手直接接触。实验完毕应立即洗手。

②使用和处理有毒或腐蚀性物质时,应在通风橱中进行,并佩戴防护用品,尽可能避免有机物蒸气在实验室内扩散。

③对沾染过有毒物质的仪器和用具,实验完毕后应立即采取适当的处理方法以破坏或消除其毒性。

沾在皮肤上的有机物应当立即用大量清水和肥皂洗去,切莫用有机溶剂清洗,否则只会加快化学药品渗入皮肤的速度。溅落在桌面或地面的有机物应及时清扫除去。

4. 防触电

使用电器时,应检查线路连接是否正确。电器内外要保持干燥,不能有水或其他溶剂。注意身体不要碰到电器的导电部位。电器设备的金属外壳都应接地。实验结束后应先切断电源,再将连接电源的插头拔下。

三、急救常识

1. 割伤

割伤大多由玻璃划伤引起。较小的割伤,用水洗涤伤口后涂上红汞水,如伤口中有玻璃碎片,应去医疗部门处理。较大的割伤,应立即用绷带扎紧伤口上部,压迫止血,并急送医疗部门。

2. 化学药品灼伤

无论是被酸还是被碱灼伤,首先应当用大量水冲洗伤处。被酸灼伤的,可再用饱和碳酸氢钠溶液冲洗;被碱灼伤的,可再用1%醋酸溶液冲洗。最后都用水冲洗后,涂上药用凡士林。被溴灼伤,应立即用石油醚洗去溴,再用2%硫代硫酸钠溶液冲洗,然后用甘油抹擦,按摩。

3. 烫伤

轻者可在伤处涂蓝油烃或玉树油等药剂,重者应急送医疗部门。

4. 眼伤

酸、碱等溅入眼中后,应立即用大量水冲洗。若为酸,再用1%碳酸氢钠溶液中和冲洗;若为碱,再用1%硼酸溶液中和冲洗。最后再用水洗。严重的应急送医疗部门。

任务六　认识实验预习、实验记录和实验报告

一、实验预习报告

实验预习是做好实验的关键,实验前有充分的准备,就可以主动地、有条不紊地进行实验,避免照方抓药式的被动局面,减少或消灭实验事故,提高实验效果。实验预习对培养学生独立工作能力也十分有益。

实验预习时要认真阅读教材的有关内容,熟悉实验的目的要求、基本原理、操作步骤及注意事项,要查阅文献,列出原料和产物的物理常数,要计算合成实验的理论产量。在预习

的基础上完成预习报告。

预习报告包括以下内容：

①实验目的；

②已配平的主、副反应方程式；

③各种原料的用量(质量或体积)，主要原料及产物的物理常数，产物的理论产量；

④画出仪器装置图；

⑤简明的实验步骤。

二、实验记录

实验时要认真操作，仔细观察，积极思考，并如实记录现象和所测得的数据。要养成边实验边记录的习惯，不能事后写"回忆录"。遇到异常现象，要实事求是地记录下来，并把实验条件写清楚，以利于分析原因。原始记录如果写错可以用笔划去，但不能随意涂改。实验完毕后，应将实验记录交教师审阅。

三、实验报告

实验后要分析实验现象、整理有关数据，得出结论，并按一定格式及时写好实验报告。实验报告是总结实验进行的情况，分析实验中出现的问题，整理归纳实验结果的一个重要环节，是使学生从感性认识提高到理性思维阶段的必不可少的一步，因此必须认真写好实验报告。

1. 有机化学实验报告(性质实验)

实验名称：

班级：　　　组：　　　姓名：　　　学号：　　　同组人：

实验日期：

实验内容(表 0-2)：

表 0-2 实验内容

实验项目	反应原理	现象及解释

实验小结和讨论：

2. 基本操作实验报告

实验名称：

班级：　　　组：　　　姓名：　　　学号：　　　同组人：

实验日期：

实验内容：

①实验目的与学习目标;
②仪器装置;
③主要试剂的物理常数;
④操作步骤及现象;
⑤讨论。

阅读材料:有机蔬菜与无公害蔬菜

有机蔬菜也叫生态蔬菜,是指来自于有机农业生产体系,根据国际有机农业的生产技术标准生产出来的,经过独立的有机食品认证机构认证允许使用有机食品标志的蔬菜。有机蔬菜在整个的生产过程中都必须按照有机农业的生产方式进行,也就是在整个生产过程中必须严格遵循有机食品的生产技术标准。即生产过程中完全不使用农药、化肥、生长调节剂等化学物质,不使用基因工程技术,同时还必须经过独立的有机食品认证机构全过程的质量控制和审查。所以有机蔬菜的生产必须按照有机食品的生产环境质量要求和生产技术规范来生产,以保证它的无污染、富营养和高质量的特点。

无公害蔬菜又称绿色蔬菜,现在有不少人把两者混淆起来,其实有机蔬菜与无公害蔬菜都是洁净蔬菜,但它们有相同的地方,也有不同的地方。

有机蔬菜与无公害蔬菜的相同地方有:两者的生产基地(即环境)都没有遭到破坏,水(灌溉水)、土(土壤)、气(空气)没有受到污染;两者的产后(包括采收后的洗涤、整理、包装、加工、运输、贮藏、销售等环节)没有受到二次污染。

有机蔬菜与无公害蔬菜不同的地方是:有机蔬菜在生产过程中不使用化肥、农药、生长调节剂等化学物质,不使用基因工程技术,同时还必须经过独立的有机食品认证机构全过程的质量控制和审查。有机蔬菜允许使用有机肥料,主要用于基肥;不用化学农药,而用防虫网或生物农药及其他非化学手段防治病虫害。而无公害蔬菜是不用或少用化肥和化学农药,其产品的残留量经测定在国家规定的范围内。因此,有机蔬菜也是无公害蔬菜,而无公害蔬菜就不一定是有机蔬菜。

课后习题

1. 什么是有机化合物?
2. 有机化合物的特点是什么?
3. 怎样学好有机化学?
4. 实验室如果发生了着火事故,应采取哪些措施?

项目一 玻璃仪器的使用、洗涤与干燥

知识目标

掌握常见玻璃仪器的名称和用途；

掌握玻璃仪器的洗涤方法；

掌握玻璃仪器的干燥方法；

了解有机化学实验中常见问题的处理方法。

技能目标

能够正确清洗玻璃仪器；

能够正确干燥玻璃仪器；

能够正确搭建有机化学实验装置；

能够正确处理有机化学实验中的常见问题。

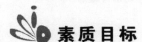

素质目标

培养学生良好的实验习惯；

培养学生的动手能力和实验室安全意识。

任务一 认识玻璃仪器

思考：请大家通过查阅资料，尝试说出这些玻璃仪器的名称和用途(见图 1-1)。

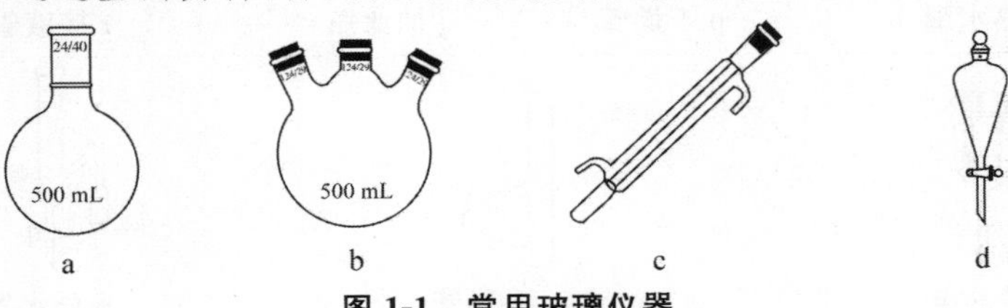

图 1-1 常用玻璃仪器

【知识链接】有机化学实验常用玻璃仪器

1. 常用普通玻璃仪器

熟悉实验时需要用到的仪器、工具和设备是对实验者的基本要求。有机化学实验中常用的玻璃仪器一般都是由钾或钠玻璃制成，使用时需要注意以下几点：

①使用玻璃仪器时要轻拿轻放。

②厚壁玻璃器皿不耐热(如抽滤瓶)，不能用来加热；锥形瓶不能用于减压；广口容器(如

烧杯)不能贮放有机溶剂;计量容器(如量筒)不能高温烘烤,也不能用来储存溶液。

③使用玻璃仪器后要及时清洗、干燥,一般以晾干或烘干为好。

④具有旋塞的玻璃器皿清洗后,在旋塞与磨口之间应夹放纸片,以防黏结。

⑤不能将温度计用作搅拌棒,温度计用后应缓慢冷却,特别是用有机液体做膨胀液的温度计,由于膨胀液黏度较大,冷却过快会导致液体断线;不能用冷水冲洗热温度计,以免炸裂。

图 1-2 所列出的玻璃仪器为有机化学实验常用普通玻璃仪器。

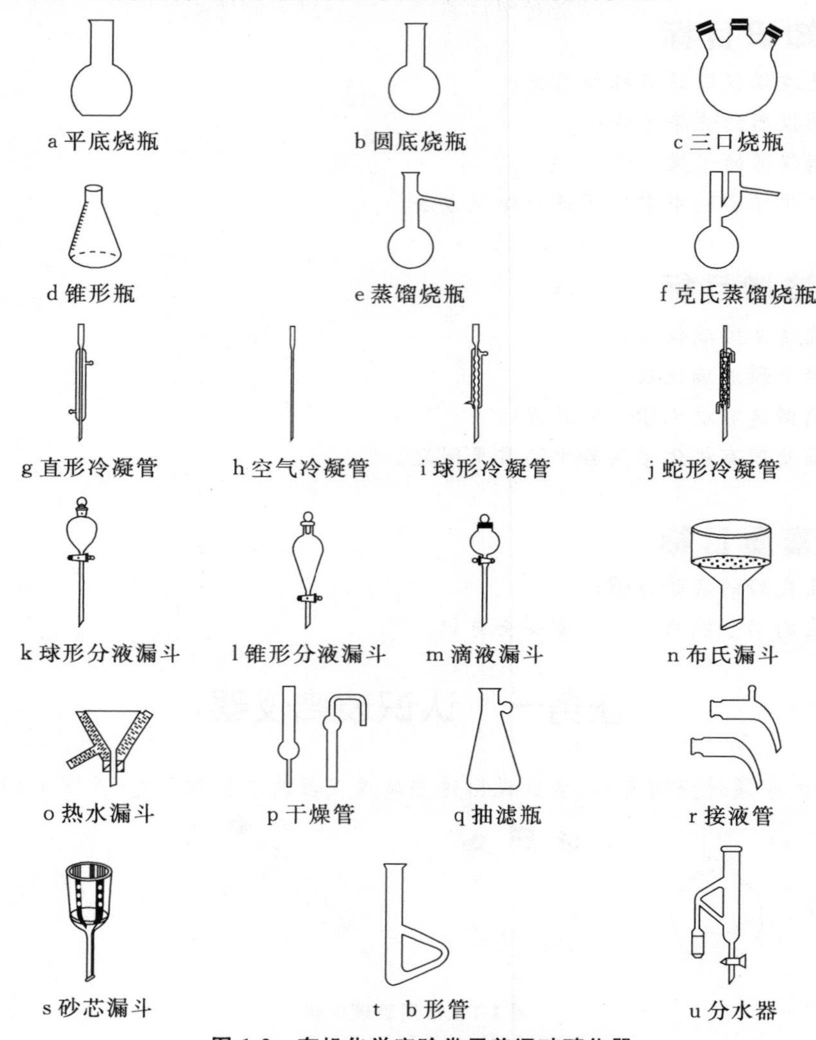

图 1-2 有机化学实验常用普通玻璃仪器

2. 常用标准磨口玻璃仪器

由于玻璃仪器容量及用途不一,因此,标准接口仪器有不同的编号。通常标准磨口有10、14、19、24、29、34、40、50 等规格。这些编号指磨口最大值端直径数值(单位为 mm)。相同编号内外磨口可以精密连接。磨口仪器也有用 2 个数字表示磨口的大小的,如 14/30 则表示该磨口最大直径为 14 mm,磨口长度为 30 mm。当两种玻璃仪器因磨口编号不同,无法直接连接时,可借助不同编号的磨口接头(又叫转换头)使之连接。

使用标准磨口仪器时要注意下列事项：

①磨口必须清洁，不得沾有固体物质，否则会使磨口对接不紧密，甚至损坏磨口。

②用后应立即拆卸洗净，否则若放置太久，磨口的连接处会黏结，很难拆卸。

③一般使用时，磨口无须涂润滑剂，以免沾污反应物或产物。若反应物中有强碱，则应涂润滑剂，以免磨口连接处因碱腐蚀而黏结，无法拆开。对于减压蒸馏。所有磨口应涂润滑剂以达到封闭的效果。

④安装磨口仪器时，应注意整齐，使磨口连接处不受歪斜的应力，否则仪器易破裂。

⑤洗涤磨口时，应避免用去污粉擦洗，以免损坏磨口。

表 1-1 所列出的玻璃仪器为有机化学实验常用标准磨口玻璃仪器。

表 1-1　常用标准磨口玻璃仪器

名称与图示	主要用途	备注
圆底烧瓶　茄形烧瓶	25 mL、50 mL 一般用作接受瓶；100～500 mL 用作反应器、回流装置，可加热	
三口烧瓶	用作反应器，可分别安装搅拌器、冷凝管、温度计等	
Y 形管	上两口可同时连接回流冷凝管或温度计和回流冷凝管	每次用完一定要拆开洗净
蒸馏头	与圆底烧瓶，冷凝管等连接成蒸馏装置	每次用完一定要拆开洗净
克氏分馏头	减压蒸馏时使用	每次用完一定要拆开洗净
球形冷凝管	回流使用	

续表

名称与图示	主要用途	备注
直形冷凝管	液体沸点低于 140 ℃时蒸馏用	
空气冷凝管	产物沸点温度高于 140 ℃时蒸馏用	
牛角管	与冷凝管连接，回收产品用	
真空接引管	与冷凝管连接，回收产品用	
温度计	用于反应液温度和沸点的测定	
圆形滴液漏斗　恒压滴液漏斗	用于连续反应时液体滴加，并且可直接把液体滴加到反应液中	
球形滴液漏斗	用于连续反应时液体滴加，并且可直接把液体滴加到反应液中	
分液漏斗	用于溶液萃取与分离	

续表

名称与图示	主要用途	备注
锥形瓶	上连牛角管或真空接引管，接受产物	不可做反应瓶，不可直接加热，不可用于减压系统
分水器	用于共沸蒸馏	用完后，立即洗涤干净，活塞处放纸片
吸滤瓶及布氏漏斗	用于减压过滤	不能直接加热

任务二　正确洗涤玻璃仪器

讨论：如何正确洗涤玻璃仪器？

【知识链接】玻璃仪器的洗涤

进行化学实验必须使用清洁的玻璃仪器。应养成实验用过的玻璃器皿立即洗涤的习惯。仪器用毕后立即洗涤，不但容易洗净，而且由于了解残渣的成分和性质，也便于找出处理残渣的方法。洁净的玻璃仪器的内外壁应能被水均匀地润湿而不挂水珠，并且无水的条纹。一般而言，附着在仪器上的污物既有可溶性物质，也有尘土、不溶物及有机物等。洗涤剂包括去污粉、洗衣粉、洗洁精和铬酸洗液等。毛刷包括试管刷、烧杯刷和烧瓶刷等。

1. 洗涤方法

(1)直接使用自来水刷洗法

用水和毛刷刷洗仪器，可以去掉仪器上附着的尘土、可溶性物质及易脱落的不溶性物质。注意使用毛刷刷洗时，不可用力过猛，以免戳破容器。

(2)去污粉洗涤法

去污粉是由碳酸钠、白土、细沙等混合而成的。它利用 Na_2CO_3 水溶液的碱性具有的强去污能力、细沙的摩擦作用、白土的吸附作用，增加对仪器的清洗效果。先将待洗仪器用少量水润湿后，加入少量去污粉，再用毛刷擦洗，最后用自来水洗去去污粉颗粒，并用去离子水洗去自来水中带来的钙、镁、铁、氯等离子。去离子水的用量本着“少量、多次”的原则。其他合成洗涤剂也有较强的去污能力，使用方法类似于去污粉。

(3)铬酸洗涤法

铬酸洗液是由浓 H_2SO_4 和 $K_2Cr_2O_7$ 配制而成的。这种洗液氧化性很强，对有机污垢破坏能力很强。倾去器皿内水，慢慢倒入洗液，转动器皿，使洗液充分浸润不干净器壁，数分钟后把洗液倒回洗液瓶中，用自来水冲洗。若壁上沾有少量碳化残渣，可加入少量洗液，浸泡一段时间后在小火上加热，直至冒出气泡，碳化残渣可被除去。洗液可反复使用，用后倒回原瓶并密闭，以防吸水。当洗液颜色由棕红色变为绿色，表示失效。此时可再加入适量的 $K_2Cr_2O_7$ 加热溶解后继续使用。实验中常用的移液管、容量瓶和滴定管等是具有精确刻度的玻璃器皿，可适当选择洗液进行洗涤。但铬酸洗液具有很强的腐蚀性和毒性，故近年来较少使用。使用 NaOH/乙醇溶液洗涤附着有机物的玻璃器皿，效果较好。

(4)盐酸

用浓盐酸可以洗去附着在器壁上的二氧化锰或碳酸钙等残渣。

(5)有机溶剂洗涤液

当胶状或焦油状的有机污垢用上述方法不能洗去时，可选用丙酮、乙醚、苯浸泡，要密闭以避免溶剂挥发，或用氢氧化钠-乙醇溶液亦可。用有机溶剂作为洗涤剂，使用后可回收重复使用。对于用于精制或有机分析用的器皿，反对盲目使用各种化学试剂或有机试剂来清洗玻璃器皿，这样不仅造成浪费，而且可能带来危险，对环境产生污染。

表 1-2 为常见污物的处理方法。

表 1-2　常见污物的处理方法

污物	处理方法
可溶于水的污物、灰尘等	自来水清洗
不溶于水的污物	肥皂、合成洗涤剂
氧化性污物(如 MnO_2、铁锈等)	浓盐酸洗涤
油污、有机物	碱性溶液(Na_2CO_2，NaOH 等)，有机溶剂、碱性高锰酸钾洗涤液
残留的 Na_2SO_4，$NaHSO_4$	用沸水使其溶解后趁热倒掉
高锰酸钾污垢	酸性草酸溶液
黏附的硫黄	用煮沸的石灰水处理
瓷研钵内的污迹	用少量食盐在研钵内研磨后倒掉，再用水洗
被有机物染色的比色皿	用体积比为 1∶2 的盐酸-酒精溶液处理
银迹、铜迹	硝酸洗涤

2. 洗涤程序

洗涤程序：倒出废液—水洗—洗涤剂洗—水洗—去离子水洗。

3. 洗涤原则

洗涤原则：少量多次，不挂水珠。

任务三　正确干燥玻璃仪器

讨论：洗涤后的玻璃仪器带有水，如何进行干燥？

【知识链接】玻璃仪器的干燥

在有机化学实验中，经常需要使用干燥的玻璃仪器。因此，每次实验完成后，都应该将仪器洗净并晾干，供下次实验使用，以节省时间。仪器的干燥方法如下。

1. 自然风干

自然风干是指把已洗净的仪器放在干燥架上自然风干。但必须注意，若玻璃仪器洗得不干净，水珠便不易流下，干燥就会较为缓慢。

2. 烤干

该法是将仪器外壁擦干后用小火烘烤，并不停转动仪器，使其受热均匀。该法适用于试管、烧杯、蒸发皿等仪器的干燥。

3. 烘箱干燥

把玻璃器皿按从上层到下层顺序放入烘箱烘干，放入烘箱中干燥的玻璃仪器，一般要求不带水珠，器皿口朝上，带有磨砂口的玻璃塞的仪器，必须取出活塞后，才能烘干。例如，分液漏斗和滴液漏斗进烘箱前必须拔去盖子和旋塞并擦去油脂。纸片、布条、橡皮筋等不能进烘箱。烘箱内设定温度为 100～105 ℃，设定时间约 0.5 h，待烘箱内的温度降至室温时才能将玻璃仪器取出。禁止将温度计放入烘箱内干燥。不能将有刻度的容量仪器如容量瓶、移液管、量筒、滴定管等放入烘箱内烘干，也不能将抽滤瓶等厚壁容器进行烘干。不可把很热的玻璃仪器取出，以免破裂。当烘箱已工作时不能往上层放入湿的器皿，以免水滴下落，使热的器皿骤冷而破裂。不要将温度较高的玻璃器皿与铁质器皿等冷物体直接接触，以免损坏玻璃器皿。

4. 热气流干燥

将自然干燥处理过的玻璃仪器，插入热气流干燥的各支管上，经过热空气加热后，可快速干燥。有时仪器洗涤后需立即使用，也可用吹干的方法，即用电吹风把仪器吹干。

5. 有机溶剂法

该法即用有机溶剂干燥。体积小的仪器急需干燥时，可采用此法。首先将水尽量沥干后，加入少量丙酮或 95％乙醇摇洗并倾出，把溶剂倒至回收瓶中，先通入冷风吹 1～2 min，待大部分溶剂挥发后，吹入热风至完全干燥为止，最后吹入冷风使仪器逐渐冷却。此法又称为快干法。

任务四　正确装配玻璃仪器

讨论：在有机反应中，如何正确选择和装配玻璃仪器？

【知识链接】有机化学实验装置的装配

一、玻璃仪器使用注意事项

①使用时，应轻拿轻放。

②不能用明火直接加热玻璃仪器，用电炉加热时，应垫上石棉网。

③不能用高温加热不耐温玻璃仪器，如普通漏斗、量筒、吸滤瓶等。

④玻璃仪器使用完后，应及时清洗干净，特别是标准磨口仪器放置时间太久，容易黏结在一起，很难拆开。如果发生此情况，可用热水煮黏结处，使其膨胀而脱落，还可用木槌敲打黏结处。

⑤带旋塞或具塞仪器清洗后，应在塞子和磨口接触处夹放纸片，以防黏结。

⑥标准磨口仪器瓶口处要干净，不能沾有固体物质。清洗时，应避免用去污粉擦洗磨口。否则，会使磨口连接不紧密，甚至会损坏磨口。

⑦安装仪器时，应做到横平竖直，磨口连接处不应受到歪斜应力，以免仪器破裂。

⑧一般使用时，磨口处无须涂润滑剂，以免沾有反应物或产物。但是有以下两种情况需涂润滑剂：一种情况是反应中使用强碱时，则要涂润滑剂，以免磨口连接处因碱腐蚀而黏结在一起，无法拆开；另一种情况是当减压蒸馏时，应在磨口连接处涂润滑剂（真空脂），保证装置密封性好。

⑨用温度计时，应注意不要用冷水冲洗热的温度计，以免炸裂，尤其是水银球部位，应冷却至室温后再冲洗。不能用温度计搅拌液体或固体物质，以免损坏。

⑩温度计打碎后，要把硫黄粉撒在水银球上，然后汇集在一起处理。不能将水银球冲到下水道中。

二、玻璃仪器的选择

实验中各种反应装置是由一件件玻璃仪器组装而成的，应根据要求选择合适的玻璃仪器。选择玻璃仪器的一般原则如下：

烧瓶选择。根据液体体积而定，一般液体体积占容器体积的1/3～2/3，进行减压蒸馏和水蒸气蒸馏时液体体积不应超过烧瓶溶剂的1/2。

冷凝管选择。一般情况下，回流用球形冷凝管，蒸馏一般用直形冷凝管。当蒸馏温度超过140 ℃时，可改用空气冷凝管，以防温差较大时，直形冷凝管受热不均而炸裂。

温度计选择。实验室一般有100 ℃、200 ℃、300 ℃ 3种规格的温度计，根据所测温度可选用不同的温度计。一般选用温度计要比被测温度高10～20 ℃。

三、常用反应装置

选择好玻璃仪器，安装好实验装置是做好实验的基本保证。要根据实验情况组合仪器、搭建反应装置。常用的反应装置介绍如下。

1. 回流装置

在实验中，有些反应和重结晶样品的溶解往往需要煮沸一段时间。为了不使反应物和溶剂蒸气逸出，常在烧瓶口垂直装上球形冷凝管，冷却水自下而上流动；蒸气上升应控制在不超过球形冷凝管的第二个球为宜。常见的回流装置见 1-3。

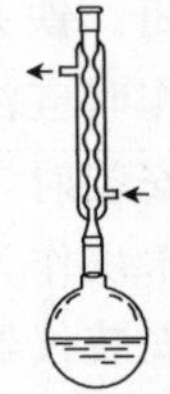

图 1-3　常见的回流装置

2. 气体吸收装置

在有机实验中，常常会产生一些有毒气体，不能直接排放至空气中，因此需要使用气体吸收装置进行吸收。如图 1-4 所示，图中的三角漏斗口不要全浸入吸收液中，否则，体系内的气体被吸收或一旦反应瓶冷却时会形成负压，水就会倒吸。

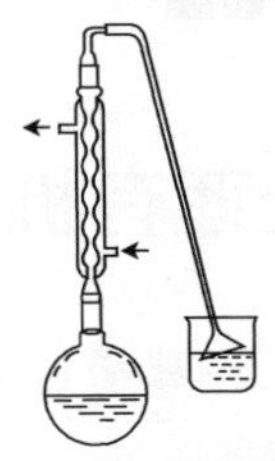

图 1-4　带气体吸收的回流装置

3. 搅拌装置

有些反应需在均相溶液中进行，一般不用搅拌。但很多反应是在非均相溶液中进行，或反应物之一是逐渐滴加的，这种情况需要搅拌。图 1-5 是电动搅拌器，图 1-6 是可以同时进行搅拌、回流和测温的装置，图 1-7 是集滴加和回流于一体的搅拌装置。

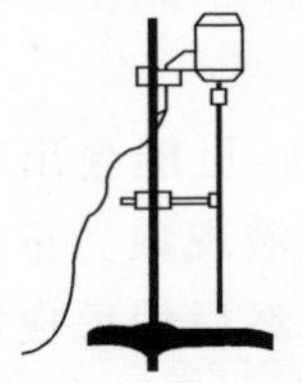

图 1-5　电动搅拌器

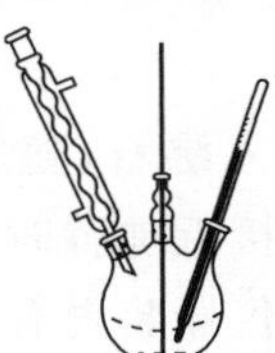

图 1-6　可回流和测温的搅拌装置

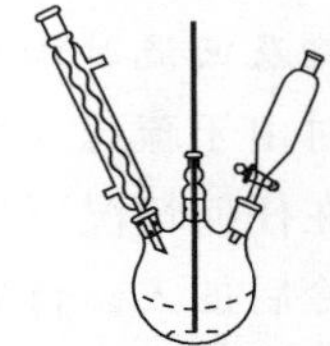

图 1-7　集滴加和回流于一体的搅拌装置

四、应遵循的装配原则

有机化学实验使用的玻璃仪器较多，而且往往是几件仪器组合为一套实验装置。仪器装备得正确与否，对实验的成败有很大关系。尽管各类仪器具体配备方法有所不同，但一般都应遵循下列原则。

①在装配一套装置时，所选用的玻璃仪器和配件都要干净。否则，往往会影响产物的产量和质量。

②所选用的器材要恰当。例如，在需要加热的实验中，若需选用圆底烧瓶，应选用坚固的、其容积大小应使所盛的反应物占其容积的 1/2 左右，最多也不超过 2/3。

③装配时，应首先选好主要仪器的位置，按照一定的顺序逐个地装配起来，先下后上，从左到右。在拆卸时，按相反的顺序逐个拆卸。

仪器装配要求做到严密、正确、整齐和稳妥。在常压下进行反应的装置，应与大气相通，不能密闭。铁夹的双钳应贴有橡皮或绒布，或缠上石棉绳等，否则容易将仪器夹坏。

操作时应注意的事项：

①安装时，为使接受瓶的位置高低合适，要调整蒸馏烧瓶与热源的高度，可使用升降台或小方木块作为垫高用具来调节。

②安装仪器时，应做到横平竖直，磨口连接处不应受到歪斜的应力，以免仪器破裂。

③一般使用时，磨口处无须涂润滑剂，以免沾有反应物或产物。但是反应中使用强碱时，则要涂润滑剂，以免磨口连接处因碱腐蚀而黏结在一起，无法拆开。当减压蒸馏时，应在，磨口连接处涂润滑剂，保证装置密封性好。

【练一练】搭建带回流和测温的搅拌装置

任务五　学会处理有机实验中常见问题

讨论：在有机实验中，遇到忘记加沸石，玻璃仪器的磨口部位因粘固而打不开，以及温度计被打碎等情况该怎么办？

【知识链接】有机实验常见问题的处理

有机实验中常常会遇到一些意想不到的“小麻烦”，如瓶塞粘固打不开，仪器污垢难除、分液时发生乳化现象等。若能有效地采取适当方法或技巧加以处理，这些麻烦就会迎刃而解。

1. 蒸馏及回流时加入沸石

实验时由于疏忽大意，未在反应瓶中加入沸石，随着反应温度的升高，可能会出现暴沸的情况。在任何情况下，不可将沸石在液体接近沸腾时加入，以免发生喷液现象。正确的做法是在稍冷后加入。首先关闭电源，使整套仪器装置有一出口通向大气；然后使反应瓶离开热源，慢慢冷却，温度接近室温时加入沸石，重新安装装置，继续加热反应。另外，在沸腾过程中，中途停止操作，应该重新加入沸石。因为一旦停止操作后，温度下降时，沸石已吸附液体，失去形成汽化中心的功能。

2. 打开粘固的玻璃磨口

当玻璃仪器的磨口部位因粘固而打不开时，可采取以下几种方法进行处理。

①敲击。用木器轻轻敲击磨口部位的一方，使其因受震动而逐渐松动脱离。对于粘固着的试剂瓶、分液漏斗的磨口塞等，可将仪器的塞子与瓶口卡在实验台或木桌的棱角处，再用木器沿与仪器轴线成 70°角的方向轻轻敲击，同时间歇地旋转仪器，如此反复操作几次，一般便可打开粘固不严重的磨口。

②加热。有些粘固着的磨口，不便敲击或敲击无效，可对粘固部位的外层进行加热，如用热的温布对粘固处进行“热敷”、用电吹风或游动火焰烘烤磨口处等，使其受热膨胀而与内层脱离。也可将玻璃仪器加入沸水中，使磨口连接部位松动。但此法不适用于密闭的带有磨口连接的容器，以免仪器内气体受热膨胀，发生危险。

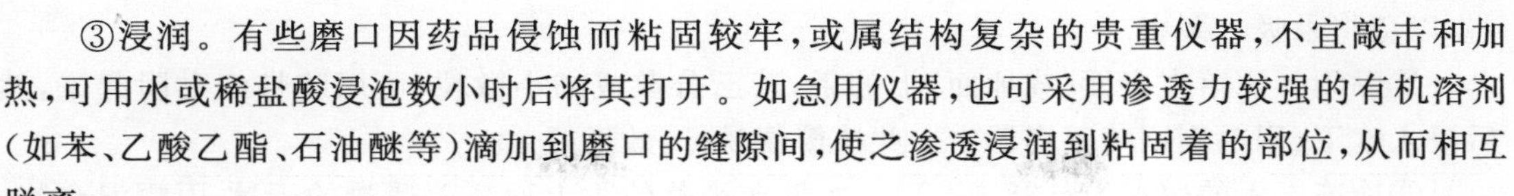

③浸润。有些磨口因药品侵蚀而粘固较牢，或属结构复杂的贵重仪器，不宜敲击和加热，可用水或稀盐酸浸泡数小时后将其打开。如急用仪器，也可采用渗透力较强的有机溶剂（如苯、乙酸乙酯、石油醚等）滴加到磨口的缝隙间，使之渗透浸润到粘固着的部位，从而相互脱离。

3.打开紧固的螺旋瓶盖

当螺旋瓶盖拧不开时，可用电吹风或小火焰烘烤瓶盖周围，使其受热膨胀，再用干布包住瓶盖用力旋盖即可。

如果瓶内装有不宜受热或易燃的物质，也可取一段结实的绳子。一端拴在固定的物体上（如门窗把手），再把绳子按顺时针方向在瓶盖上绕一圈，然后一手拉紧绳子的另一端，一手握住瓶体用力向前推动，就能使瓶盖打开。

4.取出被胶塞黏结的温度计

当温度计或玻璃管与胶塞或胶管黏结在一起而难以取出时，可用小锥子或锉刀的尖柄端插入温度计（或玻璃管）与胶塞（或胶管）之间，使之形成空隙，再滴几滴水，如此操作并沿温度计（或玻璃管）周围扩展。同时逐渐深入，很快就会取出。也可用恰好能套进温度计（或玻璃管）的钻孔器，蘸上少许甘油或水，从温度计的一端套入，轻轻用力，边旋转边推进，当难以转动时，拔出，再蘸上润滑剂，继续旋转，重复几次后，便可将温度计（或玻璃管）取出来。

5.清除仪器上的特殊污垢

当玻璃仪器上黏结了特殊污垢，用一般的洗涤方法难以除去时，可先分辨出污垢的性质，然后有针对性地进行处理。

对于不溶于水的酸性污垢，如有机酸、酚类沉积物等，可用碱液浸泡后清洗；对于不溶于水的碱性污垢，如金属氧化物、水垢等，可用盐酸浸泡后清洗；如果是高锰酸钾沉积物，可用亚硫酸钠或草酸溶液清洗；硝酸银污迹可用硫代硫酸钠溶液浸泡后清洗；焦油或树脂状污垢，可用苯、酯类等有机溶剂浸溶后再用普通方法清洗。对于用上述方法都不能洗净的玻璃仪器，可用稀的氢氟酸浸润污垢边缘，污垢就会随着侵蚀掉的玻璃薄层脱落，然后用水清洗；而玻璃虽然受到腐蚀，但损伤很小，一般不影响继续使用。

6.溶解烧瓶内壁上析出的结晶

在回流操作或浓缩溶液时，经常会有结晶析出在液面上方的烧瓶内壁上，且附着牢固，不仅不能继续参加反应，有时还会因热稳定性差而逐渐变色分解。遇此情况，可轻轻振摇烧瓶，以内部溶液浸润结晶，使其溶解。如果装置活动受限，不能振摇烧瓶，则可用冷的湿布敷在烧瓶上部，使溶剂冷凝沿器壁流下时，溶解析出的结晶。

7.清理洒落的汞

实验室中使用充汞压力计操作不当或温度计破损时，都会发生“洒汞事故”。汞蒸气对人体危害极大，洒落的汞应及时、彻底地清理，不可流失。清理方法很多，可依不同情况，选择使用。

①吸收。洒落少量的汞，可用普通滴管，将汞珠一点一滴吸起，收集在容器中，若量较大或洒落在沟槽缝隙中，可将吸滤瓶与一支75°玻璃弯管通过胶塞连接在一起，自制一个“减压吸汞器”，利用负压将汞粒通过玻璃管吸入滤瓶内。吸滤瓶与减压泵之间的连接线可稍长

些，以免将汞吸入泵中。

②黏附。洒落在桌面(或地面)上的汞，若已分散成细小微粒，可用胶带纸黏附起来，然后浸入水下，用毛刷刷落至容器中。此法简便易行，效果好。

③冷冻。汞的熔点为－38.87 ℃。如果在洒落的汞上面覆盖适量的干冰-丙酮混合物，汞就会在几秒内被冷冻成固体而失去流动性，此时可较为方便地将其清理干净。

④转化。对于洒在角落中，用上述方法难以收起的微量汞，可用硫黄粉覆盖散失汞粒的区域，使汞与硫化合成毒性较小的硫化汞，再加以清除。

8.消除乳化现象

在使用分液漏斗进行萃取、洗涤操作时，尤其是用碱溶液洗涤有机物，剧烈振摇后，往往会由于发生乳化现象不分层，而难以分离。如果乳化程度不严重，可将分液漏斗在水平方向上缓缓地旋转摇动后静置片刻，即可消除界面处的泡沫状，促进分层。若仍不分层，可以加适量水后，再水平旋转摇动或放置过夜，便可分出清晰的界面。

如果溶剂的密度与水接近，在萃取或洗涤时，就容易与水发生乳化。此时可向其中加入适量的乙醚，降低有机相密度，以便于分层。对于微溶于水的低级酯类与水形成的乳化液，可通过加入少量氯化钠、硫酸铵等无机盐的方法促进其分层。

9.稳固水浴中的烧瓶

当用冷水或冰浴冷却烧瓶中的物料时，常会由于物料量少、溶液浮力大而使烧瓶漂起，影响冷却效果，有时还会发生烧瓶倾斜灌入浴液的事故。如果用长度适中的铅条做成一个小于烧瓶底径的圆圈套在烧瓶上，就会使烧瓶沉浸入浴液中。若使用的容器是烧杯，则可用圆圈套住烧杯，用铁丝挂在烧杯口上，使其稳固并达到充分冷却的目的。

课后习题

1.如何清洗玻璃仪器上残留的有机污垢？

2.采用烘箱干燥玻璃仪器需注意哪些？

3.有机化学实验中应遵循的装配原则有哪些？

4.当玻璃仪器的磨口部位因粘固而打不开时，可采取哪些方法？

项目二　有机化学实验基本操作

知识目标

理解有机化学实验中常用的基本操作技术，初步掌握其操作方法；
理解利用萃取、蒸馏、分馏、重结晶及升华等方法分离提纯有机物的基本原理；
初步掌握分离提纯技术的一般过程和操作方法。

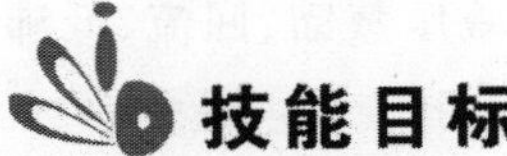

技能目标

能应用加热、冷却、干燥、萃取、洗涤、回流、蒸馏、结晶和过滤等基本操作技术；
能正确使用分液漏斗进行洗涤和萃取；
能安装普通蒸馏、简单分馏等仪器装置；
能安装回流装置，并正确进行回流操作。

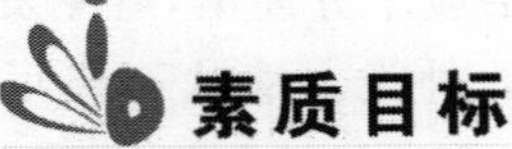

素质目标

培养学生良好的实验习惯；
培养学生团结合作的能力；
培养学生的动手能力和实验室安全意识。

任务一　掌握加热与冷却基本操作

思考：请大家通过查阅资料，尝试说出加热和冷却具体操作方法。

【知识链接】加热与冷却

加热与冷却是化学实验中最常用的操作技术之一。采用不同的热源或冷却剂，便能获得不同的加热或冷却温度，可根据实验的具体需要进行选择。

一、加热

有机化学实验过程中，为了提高反应速度，经常需要对反应体系加热。另外，在分离、提纯化合物及测定化合物的一些物理常数时，也常常需要加热。有机化学实验室中常用的加热方式有直接加热和间接加热两种。

1. 直接加热

直接加热常用酒精灯和电炉做热源。酒精灯使用方便，但加热强度不大，又属明火热源，常用于加热不易燃烧的物质。电炉使用较为广泛，加热强度可调控，但也属于明火热源。

2.间接加热

实验室常用的热源有煤气灯、酒精灯、电炉、电热套等。值得注意的是，玻璃仪器一般不能直接用火焰加热。因为剧烈的温度变化和加热不均匀会造成玻璃仪器损坏，并造成危险。同时，局部温度过热，还会引起有机化合物的部分分解或产生大量其他副产物。为了避免直接加热可能带来的弊端，实验室中通常根据具体情况采用不同的间接加热方式加热。

①石棉网加热。有机反应最常用的加热方法是通过石棉网加热。不能直接用火加热，否则仪器会容易因受热不均匀而破裂。一般操作方法为将石棉网放在三脚架或铁圈上，用煤气灯或者酒精灯在下面加热。石棉网上的烧瓶与石棉网之间应留有空隙，以避免由于局部过热造成的化合物分解。若要控制加热的温度，增大受热的面积，使反应物质受热均匀，避免局部过热而分解，那么石棉网并不能达到如此加热效果，故在减压蒸馏、回流、低沸点易燃物的加热操作中不能采用该法，最好采用适当的热浴加热。

②水浴。适用于加热温度不超过 100 ℃的反应。若加热温度在 90 ℃以下，可根据水浴锅的温度传感器调节温度范围，浸在水中加热。若加热温度在 90～100 ℃时，可用沸水浴或蒸汽浴加热。

③油浴。加热温度在 100～250 ℃时，可用油浴。油浴的优点是可通过控温仪使温度控制在一定的范围内，容器内的反应物料受热均匀。用明火加热油浴应十分谨慎，避免发生油浴燃烧和爆炸事故。油浴所能达到的最高温度取决于所用油的种类。液状石蜡可达到 220 ℃，温度过高易分解且容易燃烧。固体石蜡液可以加热到 220 ℃，由于它在室温时是固体，所以加热完毕后，应先取出浸在油浴中的容器。甘油和邻苯二甲酸二丁酯适用于加热到 140～150 ℃，温度过高则容易分解。植物油如菜油、蓖麻油和花生油等，可以加热到220 ℃，常在植物油中加入 1%的对苯二酚等抗氧化剂，增加它们在受热时的稳定性。加热容器内的反应温度一般要比油浴温度低 20 ℃左右。常用的油类有液状石蜡、植物油、硬化油、硅油和真空油泵，后两者在 250 ℃以上时仍较稳定，但是价格较高。

④沙浴。当加热温度必须达到数百摄氏度以上时，也可采用沙浴。将清洁而又干燥的细沙平铺在铁盘上，反应容器埋在沙中，在铁盘下加热，反应液体就间接受热。但是因为沙子对热的传导能力较差，散热较快，所以容器底部的沙子要薄一些，容器周围的沙层要厚一些。尽管如此，沙浴的温度仍不易控制，故使用较少。

⑤空气浴。利用热空气间接加热，对于沸点在 80 ℃以上的液体均可采用。

把容器放在石棉网上加热，这就是简单的空气浴。但是，受热仍不均匀，故不能用于低沸点易燃的液体或者减压蒸馏。

半球形的电热套是属于比较好的空气浴，因为电热套中的电热丝是玻璃纤维包裹着的，较安全，一般可加热至 400 ℃，电热套主要用于回流加热。蒸馏或减压蒸馏以不用为宜，因为在蒸馏过程中随着容器内物质逐渐减少，会使容器壁过热。电热套有各种规格，取用时要与容器的大小相适应。

⑥熔盐浴。当反应温度在数百摄氏度以上时，也可采用熔盐浴加热。熔盐在 700 ℃以下是稳定的，但使用时必须小心，防止熔盐溅到皮肤上造成严重的烧伤。

⑦酸浴。常用酸液为浓硫酸，可加热至 250～270 ℃，当加热至 300 ℃左右时则分解，生成白烟，若酌加硫酸钾，则加热温度可升到 350 ℃左右（见表 2-1）。

表 2-1　不同质量分数的浓硫酸和硫酸钾的加热温度

质量分数		加热温度
浓硫酸	硫酸钾	
70%	30%	约 325 ℃
60%	40%	约 365 ℃

上述混合物冷却时，即成半固体或固体，因此，温度计应在液体未完全冷却前取出。

⑧金属浴。选用适当的低熔合金，可加热至 350 ℃左右，一般都不超过 350 ℃。否则，合金将会迅速氧化。

⑨电炉、电加热套、电热板、马弗炉。根据需要，实验室还经常用到电炉、电加热套、电热板、马弗炉等加热设备（见图 2-1）。电炉、电加热套、电热板是利用电阻丝将电能转化为热能的装置，使用温度的高低可通过调节外电阻来控制，为保证容器受热均匀，使用时反应容器与电炉间利用石棉网相隔离。马弗炉是利用电热丝或硅碳棒加热的密封炉子，炉膛是利用耐高温材料制成，呈长方体。一般电热丝炉最高温度为 950 ℃，硅碳棒炉为 1300 ℃，炉内温度是利用热电偶和毫伏表组成的高温计测量，并使用温度控制器控制加热速度。使用马弗炉时，被加热物体必须放置在能够耐高温的容器（如坩埚）中，不要直接放在炉膛上，同时不能超过最高允许温度。

a 电炉

b 电加热套

c 电热板

d 马弗炉

图 2-1　常用高温电加热器

二、冷却

在实验中有些反应的中间体在室温不稳定，必须在低温下进行。有的为放热反应，常产生大量的热，使反应难以控制。有些化合物的分离、提纯要求在低温下进行。通常根据不同的要求，选择合适的冷却技术。

①自然冷却。热的液体可在空气中放置一段时间，任其自然冷却至室温。

②冷风冷却和流水冷却。当实验需要快速冷却时，可将盛有液体溶液的器皿放在冷水流中冲淋或用鼓风机吹风冷却。

③冷冻剂冷却。要使反应混合物的温度低于室温时，最常用的是冷冻剂、冰或是冰水混合物，由于冰水混合物能与器壁接触的更好，因此它的冷却效果比单用冰要好。若需要把反应混合物冷却至 0 ℃以下，可用冰盐溶液（见表 2-2），如 100 g 碎冰加 30 g NaCl 混合物，温度可降至－20 ℃。此外，液氨也是常用的冷却剂，温度可达－33 ℃。干冰（固体二氧化碳）

与适当的有机溶剂混合时，可得到更低的温度，与乙醇的混合物可到达−72 ℃，与乙醚或氯仿的混合物可达到−78 ℃。液氮可到达−188 ℃，但是使用时需小心谨慎，防止冻伤。（注意：温度低于−38 ℃时不能使用水银温度计，应改用装有有机液体的低温温度计。）

表 2-2　常用盐及水(冰)组成的冷却剂

盐类	盐/(g/100 g 碎冰)	冰浴最低温度/℃	盐类	盐/(g/100 g 碎冰)	冰浴最低温度/℃
NH_4Cl	25	−15	$CaCl_2\cdot 6H_2O$	100	−29
NaCl	30	−20	$CaCl_2\cdot 6H_2O$	143	−55
$NaNO_3$	50	−18			

任务二　掌握干燥基本操作

思考：请大家通过查阅资料，尝试说出干燥的方法。

【知识链接】干燥

干燥是常用的除去固体、液体或气体中少量水分或少量有机溶剂的方法，是常用的分离和提纯有机化合物的基本操作之一。在进行有机物定性、定量分析和物理常数测定时，都必须进行干燥处理才能得到准确的实验结果。液体有机物在蒸馏前也需干燥，否则沸点前馏分较多，产物损失，甚至沸点也不准。此外，许多有机反应需要在无水条件下进行，溶剂、原料和仪器等均要干燥。

一、干燥的方法

根据除水原理，干燥的方法可分为物理方法和化学方法两种。

①物理方法中有分馏、吸附、晾干、烘干和冷冻等。近年来，还常用离子交换树脂和分子筛等方法来进行干燥。离子交换树脂和分子筛均属多孔性吸水固体，受热后会释放出水分子，可反复使用。

②化学方法是利用干燥剂与水分子反应进行除水。根据干燥剂除水作用的不同，可分为两类：一类与水可逆地结合，生成水合物的干燥剂，如无水氯化钙、无水硫酸镁等；另一类是与水发生不可逆的化学反应，生成新的化合物的干燥剂，如金属钠、五氧化二磷等。目前第一类干燥剂广泛使用。

二、液体有机化合物的干燥

(1)干燥剂的选择

液体有机物的干燥，通常是将干燥剂直接加到被干燥的液体有机物中进行。选择合适的干燥剂非常重要。选择干燥剂时应注意以下几点。

①干燥剂应与被干燥的液体有机化合物不发生化学反应，不发生配位和催化等作用，也不溶解于要干燥的液体中。例如，酸性化合物不能用碱性干燥剂，碱性化合物不能用酸性干燥剂等。

②使用干燥剂时要考虑干燥剂的吸水容量和干燥效能。吸水容量指单位质量的干燥剂的吸水量。干燥效能是指达到平衡时液体被干燥的程度。对于形成水合物的无机盐干燥剂，常用吸水后结晶水的蒸气压来表示干燥剂效能。如硫酸钠形成10个结晶水，吸水容量为1.25，蒸气压为260 Pa；氯化钙最多能形成6个水的水合物，其吸水容量为0.97，蒸气压为39 Pa(25 ℃)。因此硫酸钠的吸水容量较大，但干燥效能弱；而氯化钙吸水容量较小，但干燥效能强。在干燥含水量较大而又不易干燥的化合物时，常先用吸水容量较大的干燥剂除去大部分水分，再用干燥效能强的干燥剂进行干燥。常用干燥剂的性能与应用范围见表2-3。

表2-3　各类有机物常用干燥剂

干燥剂	酸碱性	适用有机物	干燥效果
H_2SO_4	强酸性	饱和烃、卤代烃	吸湿性较强
P_2O_5	酸性	烃、醚、卤代烃	吸湿性很强，吸收后需蒸馏分离
Na	强碱性	烃、醚、酯、叔胺	干燥效果好，但速度慢
Na_2O，CaO	碱性	醇、胺、醚	效率高，作用慢，干燥后需蒸馏分离
KOH，NaOH	强碱性	醇、醚、胺、杂环	吸湿性强，快速有效
K_2CO_3	碱性	醇、酮、胺、酯、腈	吸湿性一般，速度较慢
$CaCl_2$	中性	烃、卤代烃、酮、醚、硝基化合物	吸水量大，作用快，效率不高
$CaSO_4$	中性	烷、醇、醚、醛、酮、芳烃	吸水量小，作用快，效率高
Na_2SO_4	中性	烃、醚、卤代烃、醇、酚、醛、酮、酯、胺、酸	吸水量大，作用慢，效率低，价格便宜
$MgSO_4$	中性	同 $NaSO_4$	较 Na_2SO_4 作用快，效率高
3A分子筛、4A分子筛		各类化合物	快速有效吸附水分，并可再生使用

(2)干燥剂的用量

干燥剂的用量可根据被干燥物质的性质、含水量及干燥剂自身的吸水量来决定。分子中有亲水基团的物质(如醇、醚、胺、酸等)，其含水量一般较大，需要的干燥剂多些。如果干燥剂吸水量较小，效能较低，需要量也较大。一般每10 mL液体加0.5～1 g干燥剂即可。

(3)干燥操作

液体有机物的干燥通常在锥形瓶中进行。将已初步分离水分的液体倒入锥形瓶中，加入适量干燥剂，塞紧瓶口，轻轻振摇后静置观察，如发现液体混浊或干燥剂粘在瓶壁上，应继续补加干燥剂并振摇，直至液体澄清后，再静置半小时或放置过夜。若干燥剂能与水发生反应生成气体，还应装配气体出口干燥管(见图2-2)。可用无水硫酸铜(白色，遇水变为蓝色)检验干燥效果。加入干燥剂的颗粒大小要适中，若太大，吸水缓慢、效果差；若过细，则吸附有机物多，影响产率。

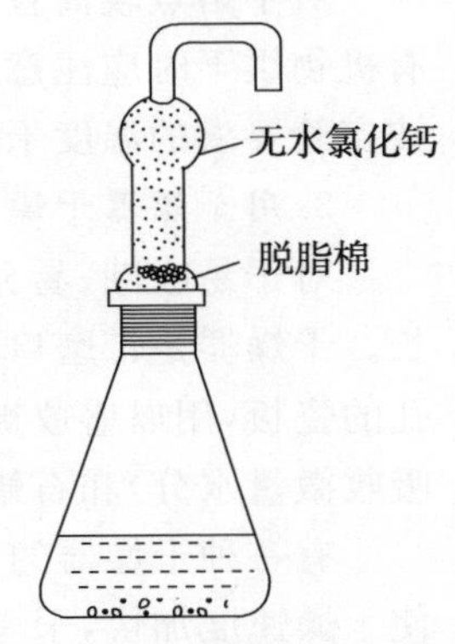

图2-2　液体的干燥

三、气体物质的干燥

常用吸附法干燥气体。常用的吸附剂是氧化铝和硅胶。氧化铝的吸水量可达到其身质量的15%～20%，硅胶可达到20%～30%。也可使气体通过装有干燥剂的干燥管、干燥塔或洗涤瓶进行干燥。干燥剂的选择需要按照气体的性质而定。一般液体（如水、浓硫酸）装在洗气瓶中，固体（如无水氯化钙、硅胶）装在干燥塔或U形管内。常用的气体干燥剂见表2-4。

表2-4　常用的气体干燥剂

气体	常用干燥剂
H_2、O_2、N_2、CO、CO_2、SO_3	H_2SO_4（浓硫酸）、$CaCl_2$、P_2O_5
Cl_2、HCl、H_2S	$CaCl_2$
NH_3	CaO（CaO+KOH）
HI、HBr	CaI_2、$CaBr_2$
NO	$Ca(NO_3)_2$

干燥管或干燥塔中盛放的块状或粒状固体干燥剂不能装得太实，也不宜使用粉末，以便气流通过。使用装在洗气瓶中的浓硫酸做干燥剂时，其用量不可超过洗气瓶容量的1/3，通入气体的流速也不宜太快，以免影响干燥效果。

四、固体物质的干燥

固体物质的干燥是指除去残留在固体中的微量水分或有机溶剂。可根据实验需要和物质的性质不同，选择适当的干燥方法。

1. 自然晾干

对于在空气中稳定、不分解、不吸潮的固体物质，可将其放在洁净干燥的表面皿上，摊成薄层，上面盖一张滤纸，以防污染，在空气中自然晾干，此法既简便又经济。

2. 烘干

对于熔点较高且遇热不分解的固体物质，可放在表面皿或蒸发皿中，用烘箱烘干。固体有机物烘干时应注意加热温度必须低于其熔点。定量分析中使用的基准试剂或固体试剂应按实验要求的温度干燥至恒重。

3. 用干燥器干燥

对于易吸潮、易分解或易升华的固体物质，可放在干燥器内进行干燥，一般需要时间较长。干燥器是带磨口的厚壁玻璃器皿，磨口处涂有凡士林，以便使其更好地密合，内有一带孔的瓷板，用以盛放被干燥物品。瓷板下面装有干燥剂。常用的干燥剂有硅胶、氯化钙（可吸收微量水分）和石蜡片（可吸收微量有机溶剂）等。干燥剂吸水较多后应及时更换。

有一种干燥器的盖上带有磨口活塞，叫作真空干燥器。将活塞与真空泵连接抽真空，可使干燥速度加快，干燥效果更好。打开干燥器时，应该一手夹住干燥器，另一手握住盖子上的手柄，沿水平方向移动盖子。盖上盖子的操作与此相同但方向相反（打开真空干燥器时，应先将盖上活塞打开充气）。温度高的物体应稍微冷却后再放入干燥器，放入后，在短时间内再把盖子打开 1～2 次，以免以后盖子打不开。移动干燥器时，应以双手托住，并将两个拇指压住盖沿，以免盖子滑落打碎。

任务三　掌握搅拌基本操作

思考：请大家通过查阅资料，尝试说出搅拌有哪些方式？

【知识链接】搅拌

搅拌是有机制备实验常见的基本操作之一。搅拌的目的是使反应物混合得更均匀，反应体系的热量容易散发和传导，反应体系的温度更加均匀，从而有利于反应的进行。特别是非均相反应，搅拌更是必不可少的操作。

搅拌的方法有两种：人工搅拌和机械搅拌。简单的、反应时间不长的，而且反应体系中放出的气体是无毒的制备实验可以用人工搅拌；比较复杂的、反应时间比较长的，而且反应体系中放出的气体是有毒的制备实验则应用机械搅拌。实验室中常用的搅拌器有玻璃棒、磁力搅拌器和电动搅拌器等。

(1)玻璃棒及其使用

玻璃棒是化学实验中最常用的搅拌器具。使用时，手持玻璃棒上部，轻轻转动手腕用微力使其在容器中的液体内均匀搅动。搅拌液体时，应注意不能将玻璃棒沿容器壁滑动，也不能朝不同方向乱搅使液体溅出容器外，更不能用力过猛以致击破容器。

(2)磁力搅拌器

磁力搅拌器又叫电磁搅拌器。使用时，在盛有溶液的容器中放入转子(密封在玻璃或合成树脂内的强磁性铁条)，将容器放在磁力搅拌器上。通电后，底座中的电动机使磁铁转动，所形成的磁场使置于容器中的转子跟着转动，转子又带动了溶液的转动，从而起到搅拌作用。

带有加热装置的磁力搅拌器，可在搅拌的同时进行加热，使用十分方便。使用磁力搅拌器时应注意以下几点：

①转子要沿器壁缓慢放入容器中。

②搅拌时应逐渐调节调速旋钮，速度过快，会使转子脱离磁铁的吸引。如出现转子不停跳动的情况时，应迅速将旋钮调到停位，待转子停止跳动后再逐步加大转速。

③实验结束后，应及时清洗转子，磁力搅拌适用于溶液量较小、黏度较低的情况。如果溶液量较大或黏度较高，则可选用电动搅拌器进行搅拌。

(3)电动搅拌器

对于需要快速和长时间的搅拌，在实验室中，常采用电动搅拌器。它由四部分构成。

①动力部分。常采用的动力为电动机。电动搅拌器可以通过调节电压，改变转速。

②搅拌器。搅拌器一般是由玻璃或镍铬丝制成，根据搅拌剧烈强度，可以采用不同的形式。常用的形式见图 2-3。

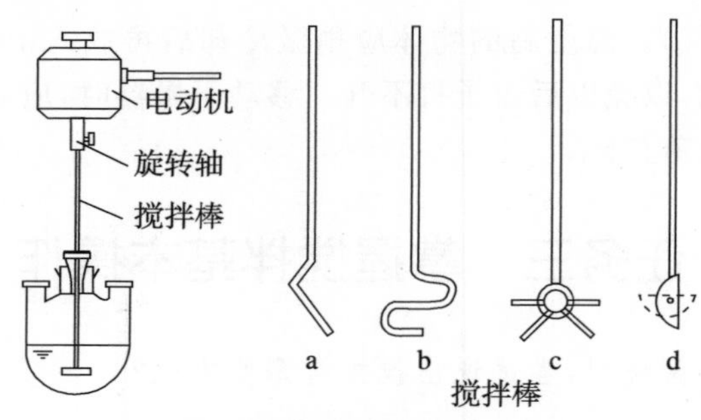

图 2-3 常用搅拌器形式

③密封部分。用以连接搅拌器的最简单的密封，是用一段短的软橡皮套住塞子上的玻璃管和搅拌器的玻璃棒，也可用液封管密封(见图 2-4)。搅拌棒与玻璃管或液封管的软木塞或橡皮塞的孔必须钻得光滑笔直。

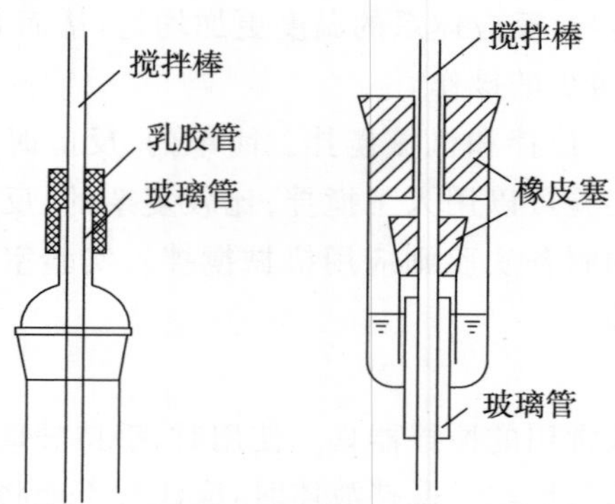

图 2-4 常用密封装置

④反应器。反应器通常为三口烧瓶，中间的口装搅拌器，两侧的口中，一口装温度计或滴液漏斗，一口装回流冷凝器。

机械搅拌装置的安装比较复杂，需要认真安装。一般先根据所需要的高度固定电动机的高度，然后用橡皮管把已插入封管中的搅拌棒连接到轴上，再小心地将三口烧瓶套上去至搅拌棒下端距瓶底约 5 mm，将三口烧瓶用烧瓶夹固定。最后检查这几件仪器安装得是否正直、稳固，搅拌器、电动机轴与搅拌棒应在同一直线上(从正面和侧面检查)。仪器安装好以后，试验运转情况。先用手转动搅拌棒，检查转动是否灵活，再以低速开动搅拌器，试验运转情况。搅拌棒与封管之间不发出摩擦声，转速稳定才能认为仪器装配合格，否则需要进行调整，最后装上冷凝管和滴液漏斗(或温度计)，用夹子夹紧。用橡皮管密封时，在搅拌棒和橡皮管之间可用少量凡士林或甘油润滑。用液封管时，可在封管中装液状石蜡、甘油或浓硫酸、汞等。

任务四　掌握萃取和洗涤基本操作

思考：请大家尝试说出萃取和洗涤所需用到的玻璃仪器？

【知识链接】萃取和洗涤

萃取和洗涤，是利用物质在不同溶剂中的溶解度不同来进行分离和提纯的一种操作。萃取和洗涤的原理相同，只是目的不同。如果从混合物中提取的是所需要的物质，这种操作称为洗涤。

一、萃取(或洗涤)溶剂的选择

用于萃取的溶剂又叫作萃取剂。常用的萃取剂为有机溶剂、水、稀酸溶液、稀碱溶液和浓硫酸等。实验中可根据具体需求加以选择。

①有机溶剂。苯、乙醇、乙醚和石油醚等有机溶剂可将混合物中的有机产物提取出来，也可除去某些产物中的有机杂质。

②水。水可用来提取混合物中的水溶性产物，又可用于洗去有机产物中的水溶性杂质。

③稀酸(或稀碱)溶液。稀酸或稀碱溶液常用于洗涤产物中的碱性或酸性杂质。

④浓硫酸。浓硫酸可用于除去产物中的醇、醚等少量有机杂质。

二、液体物质的萃取(或洗涤)

液体物质的萃取(或洗涤)常在分液漏斗中进行。选择合适的溶剂可将产物从混合物中提取出来，也可洗去产物中所含的杂质。

1. 分液漏斗使用前的准备

将分液漏斗洗净后，取下旋塞，用滤纸吸干旋塞及旋塞孔道中的水分，在旋塞上微孔的两侧涂上薄薄一层凡士林，然后小心将其插入孔道并旋转几周，至凡士林分布均匀透明为止。在旋塞细端伸出部分的圆槽内，套上一个橡皮圈，以防操作时旋塞脱落。关好旋塞，在分液漏斗中装上水，观察旋塞两端有无渗漏现象，再打开旋塞，看液体是否能通畅流下，然后盖上顶塞，用手指抵住，倒置漏斗，检查其严密性。在确保分液漏斗旋塞关闭时严密、旋塞开启后畅通的情况下方可使用，使用前须关闭旋塞。

2. 萃取(或洗涤)操作

由分液漏斗上口倒入溶液与溶剂，盖好顶塞。为使分液漏斗中的两种液体充分接触，用右手握住顶塞部位，左手持旋塞部位(旋柄朝上)倾斜漏斗并振摇，以使两层液体充分接触(见图 2-5)。振摇几下后，应注意及时打开旋塞，排出因振荡产生的气体。若漏斗中盛有挥发性的溶剂或用碳酸钠溶液中和酸液时，更应注意排放气体，以防产生的 CO_2 气体冲开顶塞，漏失液体。反复振摇几次后，将分液漏斗放在铁圈中静置分层。

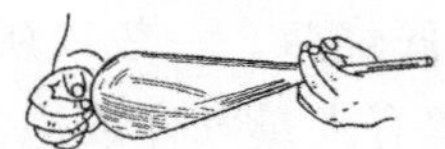

图 2-5　萃取或洗涤操作

3. 两相液体的分离操作

当两层液体界面清晰后，便可进行分离液体的操作。先打开顶塞（或使顶塞的凹槽对准漏斗上口颈部的小孔），使漏斗与大气相通，再把分液漏斗下端靠在接受器的内壁上，然后缓慢旋开旋塞，放出下层液体（见图 2-6）。当液面间的界线接近旋塞处时，暂时关闭旋塞，将漏斗轻轻振摇一下，再静置片刻，使下层液体聚集得多一些，然后打开旋塞，仔细放出下层液体。当液面间的界线移至旋塞孔的中心时，关闭旋塞，最后把漏斗中的上层液体从上口倒入另一个容器中。

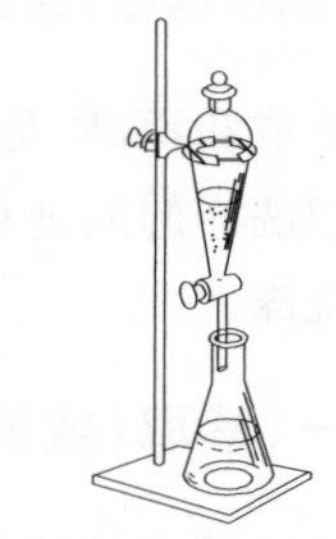

图 2-6　分离两相液体

通常把分离出来的上下两层液体都保留到实验最后，以便操作发生错误时，进行检查和补救。分液漏斗使用完毕后，用水洗净，擦去旋塞和孔道中的凡士林，在顶塞和旋塞处垫上纸条，以防久置粘牢。

任务五　掌握回流基本操作

许多有机化学反应，往往需要在溶剂中进行较长时间的加热。为防止在加热时反应物、产物或溶剂的蒸发逸散，避免易燃、易爆或有毒物质造成事故与污染，并确保产物收率，可在反应容器上竖直安装一支冷凝管。反应过程中产生的蒸气经过冷凝管时被冷凝，又流回到反应容器中。像这样连续不断地沸腾汽化与冷凝流回的过程叫作回流。这种装置就是回流装置。

回流装置主要由反应容器和冷凝管组成。反应容器可根据反应的具体需要，选用适当规格的锥形瓶、圆底烧瓶、三口烧瓶等。冷凝管的选择要依据反应混合物沸点的高低。一般多采用球形冷凝管，其冷却面积较大，冷凝效果较好。当被加热的液体沸点高于 140 ℃时，其蒸气温度较高，容易使水冷凝管的内外管连接处因温度差过大而发生炸裂，此时应改用空气冷凝管。若被加热的液体沸点很低或其中有毒性较大的物质，则可选用蛇形冷凝管，以提高冷却效率。

实验时，还可根据反应的不同需要，在反应容器上装配其他仪器，构成不同类型的回流装置。

一、普通回流

1. 普通回流装置

普通回流装置见图 2-7。由圆底烧瓶和冷凝管组成。可根据反应物料量的不同，选择不同规格的圆底烧瓶。一般以所盛物料量占烧瓶容积的 1/2 左右为宜。若反应中有大量气体或泡沫产生，则应选用容积稍大些的烧瓶。

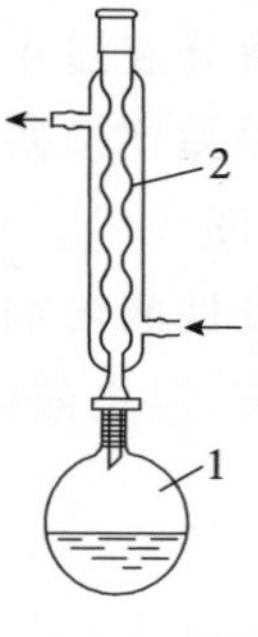

图 2-7　普通回流装置

1—圆底烧瓶；2—冷凝管

安装时以热源的高度为基准，首先固定圆底烧瓶，然后装配冷凝管,用铁夹在其中部固定。冷凝管下端为进水口,上端为出水口。

2.回流操作

①加入物料。原料物及溶剂等可事先加入反应容器中,再安装冷凝管等其他仪器;也可在安装完毕后由冷凝管上口通过玻璃漏斗加入液体物料,或从安装温度计的侧口加入物料。沸石应事先加入。

②加热回流。检查装置各连接处的严密性后,先通冷却水,再开始加热。最初宜缓慢升温,然后逐渐升高温度使反应液沸腾或达到要求的反应温度。反应时间从第一滴回流液落入反应器中开始计算。

③控制回流速度。调节加热温度计冷却水流量,控制回流速度,使液体蒸气浸润面不超过冷凝管有效冷却长度的1/3为宜,中途不可断冷却水。

④停止回流。回流结束时,应先停止加热,待冷凝管中没有蒸气后再停通冷却水,稍冷后按由上到下的顺序拆除装置。

二、其他回流装置

1.带有干燥管的回流装置

凝管上端装配有干燥管,以防止空气中的水汽进入反应体系(见图2-8)。为防止反应体系被封闭,干燥管内不要填装粉末状干燥剂。可在干燥管底塞上脱脂棉或玻璃棉,然后填装颗粒状或块状干燥剂(如无水氯化钙等)。干燥剂和脱脂棉或玻璃棉不能装(或)塞得太严实,以免堵塞通道,使整个装置称为封闭体系而造成事故。

2.带有分水器的回流装置

带有分水器的回流装置是在反应容器和冷凝管之间安装一个分水器(见图2-9 a)。

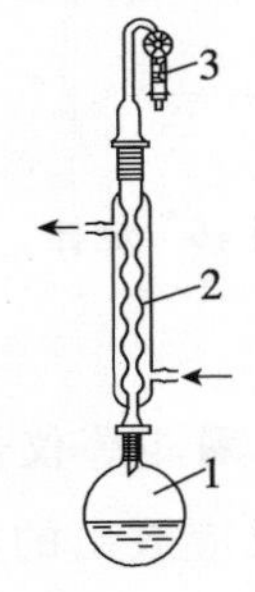

图2-8　带有干燥管的普通回流装置

1—圆底烧瓶;2—冷凝管;3—干燥管

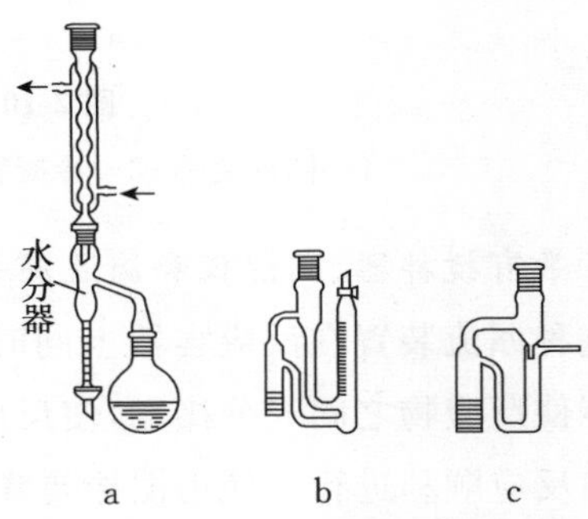

图2-9　带有分水器的回流装置

带有分水器的回流装置常用于可逆反应体系。当反应开始后,反应物和产物的蒸气与水蒸气一起上升,经过冷凝器时被冷凝流回至分水器中。静置后分层,反应物和产物由侧管流回反应容器,而水则从反应体系中被分出。由于反应过程中不断除去了生成物——水,因此平衡向增加反应产物方向移动。

当反应物与产物的密度小于水时，采用图 2-9 a 所示的装置。加热前先在分水器中装满水，并使水面略低于支管口，然后放出比反应中理论出水量略多的水。当反应物及产物的密度大于水时，则应采用图 2-9 b 或图 2-9 c 所示的分水器。采用图 2-9 b 所示的分水器时，应在加热前用原料物通过抽吸的方法将刻度管充满；若需分出大量的水分，则可采用图 2-9 c 所示的分水器，该分水器不需事先用液体填充，水充满时可直接排出。使用带有分水器的回流装置制备物质时，可在出水量达到理论值后停止回流。

3. 带有气体吸收的回流装置

带有气体吸收的回流装置见图 2-10。与普通回流装置不同的是多了一个气体吸收装置。将一根导气管通过胶塞与回流冷凝管的上口相连接，由导气管导出的气体通过接近液面的漏斗口(或导管口)进入吸收液中。

使用此装置需注意：漏斗口(或导管口)不得完全浸入吸收液中；在停止加热(包括反应过程中因故暂停加热)前，必须将盛有吸收液的容器移去，以防倒吸。

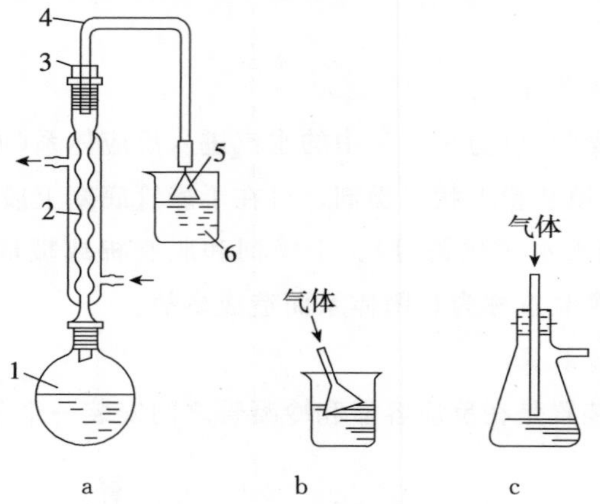

图 2-10　带有气体吸收的回收装置

1—圆底烧瓶；2—冷凝管；3—单孔塞；4—导气管；5—漏斗；6—烧杯

4. 带有搅拌器、测温仪和滴液漏斗的回流装置

这种回流装置在反应容器上同时安装搅拌器、测温仪及滴液漏斗等仪器(见图 2-11)。搅拌能使反应物之间充分接触，使反应物各部分受热均匀，并使反应放出的热量及时散开，从而使反应顺利进行。使用搅拌装置，既可缩短反应时间，又能提高反应效率。常用的搅拌装置是电动机械搅拌器。电动机械搅拌器由带支柱的机座、微型电动机和调速器等三部分组成(见图 2-12)。电动机主轴配有搅拌轧头，通过它将搅拌棒扎牢。

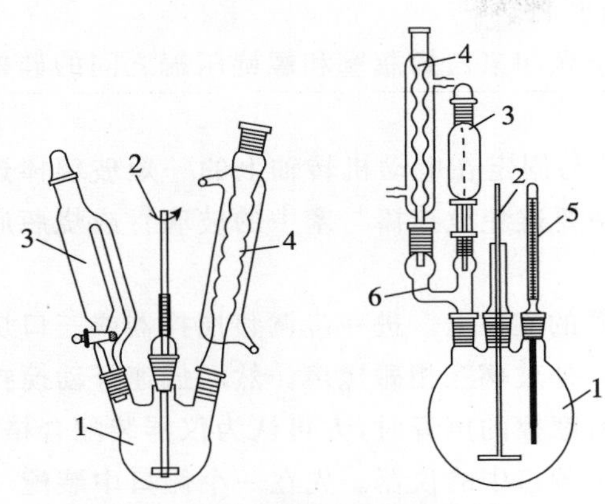

图 2-11　带有搅拌器、测温仪和滴液漏斗的回流装置

1—三口烧瓶；2—搅拌器；3—滴液漏斗；4—冷凝管；5—温度计；6—双口接管

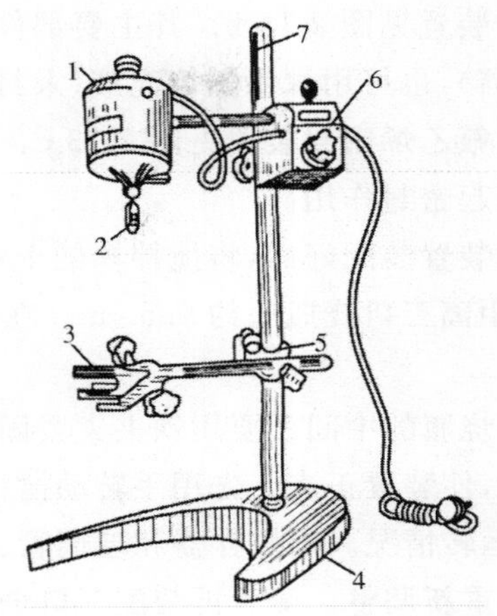

图 2-12　电动搅拌器

1—微型电动机；2—搅拌器轧头；3—固定夹；4—底座；5—十字夹；6—调速器；7—支柱

用于回流装置中的电动搅拌器一般具有密封装置。实验室用的密封装置有 3 种：简易密封装置、液封装置和聚四氟乙烯密封装置。

一般实验可采用简易密封装置(见图 2-13 a)。其制作方法是(以三口烧瓶做反应器为例)：在三口烧瓶的中口配上塞子，塞子中央钻一光滑、垂直的孔洞，插入一段长 6～7 cm、内径比搅拌棒稍大些的玻璃管，使搅拌棒能在玻璃管内自由地转动。取一段长约 2 cm、弹性较好、内径能与搅拌棒紧密接触的橡胶管，套于玻璃管上端，然后自玻璃管下端插入已制好的搅拌棒。这样，固定在玻璃管上端的橡胶塞因与搅拌棒紧密接触而起到了密封作用。在搅拌棒与橡胶管之间涂抹几滴甘油或凡士林，可起到润滑和加强密封的作用。

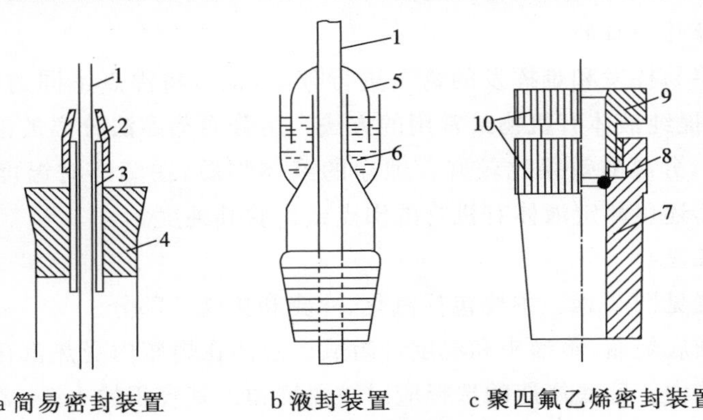

图 2-13　液封装置

1—搅拌棒；2—橡胶管；3—玻璃管；4—胶塞；5—玻璃密封管；6—填充液；7—塞体；8—胶垫；9—塞盖；10—滚花

液封装置见图 2-13 b。其主要部件是一个特制的玻璃密封管，可用液状石蜡做填充液（油封闭器），也可用水银做填充液（汞封闭器）进行密封。

聚四氟乙烯密封装置见图 2-13 c。主要由置于聚四氟乙烯瓶塞和螺旋压盖之间的硅橡胶密封圈起密封作用。

密封装置装配好后，将搅拌棒的上端用橡胶管与固定在电动机转轴上的一短玻璃棒连接，下端距离三口烧瓶底约 0.5 cm。在搅拌过程中要避免搅拌棒与塞中的玻璃管或烧瓶底相碰撞。

三口烧瓶的中间颈要用铁夹夹紧固定在搅拌器的支柱上。进一步调整搅拌器或三口烧瓶的位置，使装置正直。先用手转动搅拌棒，应无内外玻璃互相碰撞声。然后低速开动搅拌器，试验运转情况。当搅拌器和玻璃管、瓶底间没有摩擦的声音时，方可认为仪器装配合格，否则需要重新调整。最后再装配三口烧瓶另外两个颈口中的仪器。先在一个侧口中装配一个双口接管，双口接管上方安装冷凝管和滴液漏斗。冷凝管和滴液漏斗也需要铁夹固定在搅拌器的支柱上。三口烧瓶的另一侧口装配温度计。再次开动搅拌器，如果运转正常，才能投入物料进行实验。

向反应器内滴加物料，常采用滴液漏斗或恒压滴液漏斗。滴液漏斗的特点是当漏斗颈深入液面下时，仍能从伸出活塞的小口处观察滴加物料的速度。恒压滴液漏斗除具有以上特点外，当反应器内压力大于外界大气压时，仍能顺利地滴加物料。

任务六　掌握蒸馏基本操作

一、普通蒸馏

在常温下，将液体加热至沸腾，使其变为蒸气，然后再将蒸气冷凝为液体，收集到另一容器中，这两个过程的联合操作，叫作普通蒸馏。

1. 普通蒸馏操作的目的

通过蒸馏可将易挥发和难挥发的物质进行分离，也可将沸点不同的物质分离开来。因此，蒸馏是分离和提纯液体有机物最常用的方法。用普通蒸馏法分离的液体混合物，其沸点差在 30 ℃以上时，分离的效果比较好。纯净的液体物质，在蒸馏时温度基本恒定，沸程很小，所以通过蒸馏，还可测定液体有机物的沸点或检验其纯度。

2. 普通蒸馏装置

普通蒸馏装置见图 2-14。主要包括汽化、冷凝和接受三部分。

汽化部分由圆底烧瓶、蒸馏头和温度计组成。液体在烧瓶内受热汽化后，其蒸气由蒸馏头侧管进入冷凝器中。圆底烧瓶的选择应以被蒸馏物占其容积的 1/3～2/3 为宜。

冷凝部分通常为直型冷凝管。蒸气进入冷凝管的内管时，被外层套管中的冷水冷凝为液体。当所蒸馏液体的沸点高于 140 ℃时，就应该用空气冷凝管。

接受部分由接液管和接受器（常用圆底烧瓶或锥形瓶）组成。在冷凝管中被冷凝的液体经由接液管收集在接受器中。

安装普通蒸馏装置时，先以热源高度为基准，用铁夹将圆底烧瓶固定在铁架台上，再按由下而上、从左向右的顺序，依次安装蒸馏头、温度计、冷凝管、接液管和接受器。

注意温度计的安装应使其汞球上端与蒸馏头侧管下沿相齐平，以便蒸馏时汞球部分可被蒸气完全包围，测得准确温度。冷凝管的下端侧口为进水口，通过橡胶管与水龙头连接，上端侧口为出水口，应朝上安装，以便使冷凝管内充满冷水，保证冷却效果。出水经橡胶管导入水槽。

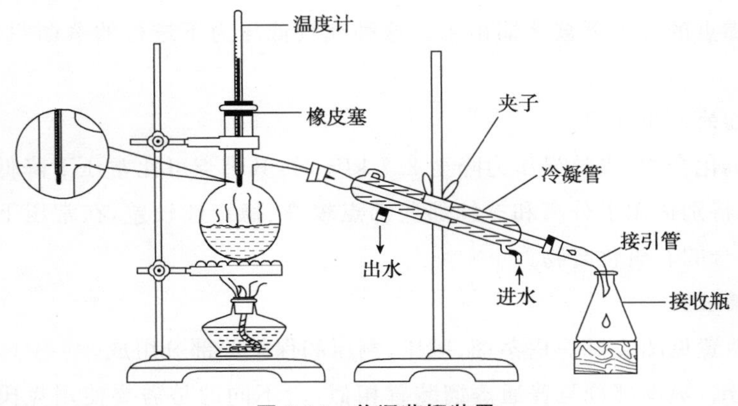

图 2-14　普通蒸馏装置

当蒸馏低沸、易燃或有毒物质时，可在接液管的支管上连接橡胶管，并将其引出室外或下水道内。

整套装置中，各仪器的轴线都应在同一平面内，铁架、铁夹及胶管等应尽可能安装在仪器背面，以方便操作。

3. 普通蒸馏操作

检查装置的稳妥性后，便可按下列程序进行蒸馏操作。

①加入物料。将待蒸馏液体通过长颈玻璃漏斗由蒸馏头上口倾入圆底烧瓶中（注意漏斗颈应超过蒸馏头侧管的下沿，以防液体由侧管流入冷凝器中），投入几粒沸石（防止暴沸），再装好温度计。

②通冷却水。仔细检查各连接处的气密性及与大气相通处是否畅通后（绝不能造成密闭体系），打开水龙头开关，缓慢通入冷却水。

③加热蒸馏。选择适当的热源，先用小火加热（以防蒸馏烧瓶因局部骤热而炸裂），逐渐增大加热强度。烧瓶内液体开始沸腾，当蒸气环到达温度计汞球部位时，温度计的读数就会急剧上升，这时应适当调小加热强度，使蒸气环包围汞球、汞球下部始终挂有液珠，保持气—液两相平衡。此时温度计所显示的温度即为该液体的沸点。然后可适当调节加热强度，控制蒸馏速度，以每秒馏出 1～2 滴为宜。

④观测沸点、收集馏液。记下第一滴馏出液滴入接受器时的温度。如果所蒸馏的液体中含有低沸点的前馏分，则需在蒸馏温度趋于稳定后，更换接受器。记录所需要的馏分开始馏出和收集到最后一滴时的温度，这就是该馏分的沸程（也叫沸点范围）。纯液体的沸程一般在 1～2 ℃之内。

⑤停止蒸馏。当维持原来的加热温度，不再有馏液蒸出时，温度会突然下降，这时应停

止蒸馏。即使杂质含量很少，也不要蒸干，以免烧瓶炸裂。

蒸馏结束时，应先停止加热，待稍冷后再停通冷却水。然后按照与装配时相反的顺序拆除蒸馏装置。

二、减压蒸馏

液体物质的沸点是随外界压力的降低而降低的。利用这一性质，降低系统压力，可使液体在低于正常沸点的温度下被蒸馏出来。这种在较低压力下进行的蒸馏叫作减压蒸馏（又称真空蒸馏）

1. 减压蒸馏的适用范围

一般的有机化合物，当外界压力降至 2.7 kPa 时，其沸点可比常压下降低 100～120 ℃。因此，减压蒸馏特别适用于分离和提纯那些沸点较高、稳定性较差，在常压下蒸馏容易发生氧化、分解或聚合的有机化合物。

2. 减压蒸馏装置

减压蒸馏装置见图 2-15。由蒸馏、减压、测压和保护等部分组成。

①蒸馏部分。蒸馏部分与普通蒸馏装置相似，所不同的是需要使用克氏蒸馏头。将一根一端拉成毛细管的厚壁玻璃管由克氏蒸馏头的直管口插入烧瓶中，毛细管末端距瓶底 1～2 mm。玻璃管的上端套上一段附有螺旋夹的橡胶管，用以调节空气进入量，在液体中形成沸腾中心，防止暴沸，使蒸馏能够平稳进行。温度计安装在克氏蒸馏头的侧管中，其位置要求与普通蒸馏相同。常用耐压的圆底烧瓶做接受器。当需要分段接受馏分而又不中断蒸馏时，可使用多尾接液管，可使不同馏分进入指定接受器中。

②减压部分。实验室中常用水泵或油泵对体系抽真空来进行减压。水泵所能达到的最低压力为室温下水的蒸汽压。例如：水在 25 ℃时的蒸汽压为 3.16 kPa，10 ℃时蒸汽压为 1.228 kPa。这样的真空度已可满足一般减压蒸馏的需要。使用水泵的减压蒸馏装置较为简便（见图 2-15 a）。

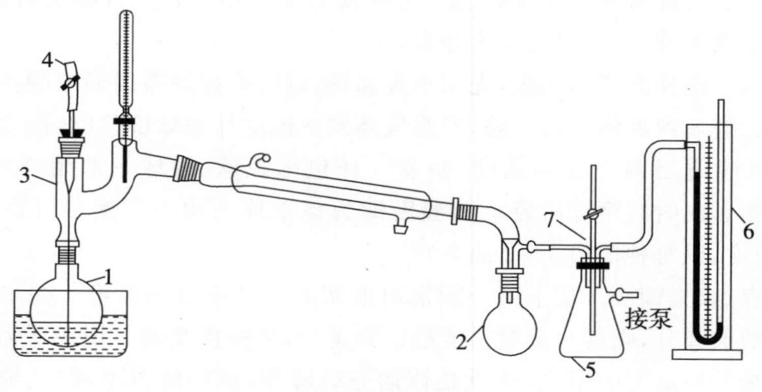

a 利用水泵减压

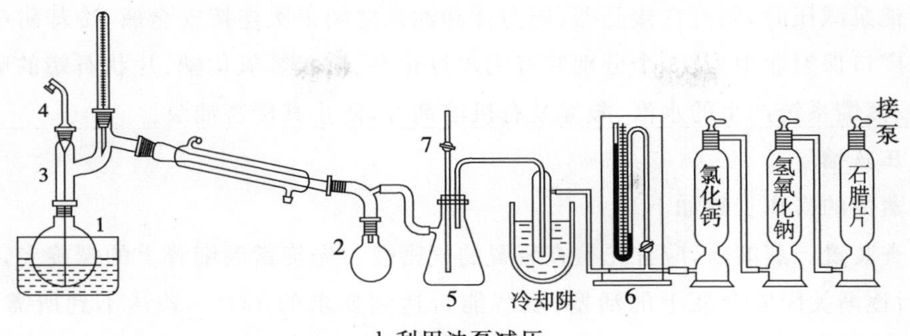

b 利用油泵减压

图 2-15 减压蒸馏装置

1—圆底烧瓶；2—接受器；3—克氏蒸馏头；4—毛细管；5—安全瓶；6—压力计；7—三通活塞

使用油泵能达到较高的真空度（如性能好的油泵可使压力减至 0.13 kPa 以下）。但油泵结构精密，使用条件严格。蒸馏时，挥发性的有机溶剂、水或酸雾等都会使其受到损坏。因此，使用油泵减压时，需设置防止有害物质侵入的保护系统，其装置较为复杂（见图 2-15 b）。

③测压、保护部分。测量减压系统的压力常用水银压力计。水银压力计分开口式和封闭式两种（见图 2-16）。

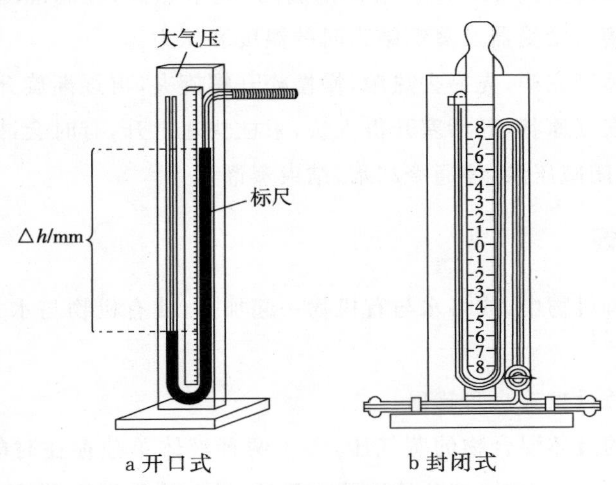

a 开口式　　b 封闭式

图 2-16 水银压力计

开口式压力计见图 2-16 a。其两臂汞柱高度之差就是大气压力与系统中压力之差。因此蒸馏系统内的实际压力（真空度）等于大气压减去汞柱差值。这种压力计准确度较高，容易装汞，但操作不当，汞易冲出，安全性较差。

封闭式压力计见图 2-16 b。其两臂汞柱高度之差即为蒸馏系统内的真空度。这种压力计读数方便、操作安全，但有时会因空气等杂质混入而影响其准确性。

使用不同的减压设备，其保护装置也不相同。利用水泵进行减压时，只需在接受器、水泵和压力计之间连接一个安全瓶（防止水倒吸），瓶上装配双通活塞，以供调节系统压力及放入空气解除系统真空用。

利用油泵减压时，则需在接受器、压力计和油泵之间依次连接安全瓶、冷却阱（置于盛有冷却剂的广口保温瓶中）及 3 个分别装有无水氯化钙、粒状氢氧化钠、片状石蜡的吸收塔，以冷却、吸收蒸馏系统产生的水汽、酸雾及有机溶剂等，防止其侵害油泵。

3. 减压蒸馏

减压蒸馏的操作步骤如下。

①检查装置。蒸馏前，应首先检查装置的气密性。先旋紧毛细管上的螺旋夹，再开动减压泵，然后逐渐关闭安全瓶上的活塞，观察能否达到要求的压力。若达不到所需要的真空度，应检查装置各连接部位是否漏气，必要时可在塞子、胶管等连接处进行蜡封。若超过所需的真空度，可小心旋转活塞，缓慢引入少量空气，加以调节。当确认系统压力符合要求后，慢慢旋开活塞，放入空气，直到内外压力平衡，再关减压泵。

②加入物料。将待蒸馏的液体加入圆底烧瓶中（液体量不得超过烧瓶容积的 1/2）。关闭安全瓶上的活塞，开动减压泵，通过毛细管上的螺旋夹调节空气进入量，以使烧瓶内液体能冒出一连串小气泡为宜。

③加热蒸馏。当系统内压力符合要求并稳定后，开通冷却水，用适当的热浴加热（一般浴液温度要高出蒸馏温度约 20 ℃）。液体沸腾后，调节热源，控制馏出速度为（1～2）滴/s。记录第一滴馏出液滴入接受器及蒸馏结束时的温度和压力。

④结束蒸馏。蒸馏完毕，先撤去热源，慢慢松开螺旋夹，再逐渐旋开安全瓶上的活塞，使压力计的汞柱缓慢恢复原状（若活塞开得太快，汞柱快速上升，有时会冲破压力计）。待装置内外压力平衡后，关闭减压泵，停通冷却水，结束蒸馏。

三、水蒸气蒸馏

将水蒸气通入有机物中，或将水与有机物一起加热，使有机物与水共沸而蒸馏出来的操作叫作水蒸气蒸馏。

1. 水蒸气蒸馏的原理及应用范围

两种互不相容的液体混合物的蒸气压，等于两种液体单独存在时的蒸气压之和。当混合物的蒸气压等于大气压力时，就开始沸腾。显然，这一沸腾温度要比两种液体单独存在时的沸腾温度低。因此，在不溶于水的有机物中，通入水蒸气，进行水蒸气蒸馏，可在低于 100 ℃的温度下，将物质蒸馏出来。

水蒸气蒸馏是分离和提纯有机化合物的重要方法之一，常用于下列情况。

①在常压下蒸馏，有机物会发生氧化或分解；

②混合物中含有焦油状物质，用通常的蒸馏或萃取等方法难以分离；

③液体产物被混合物中较大量的固体所吸附或要求除去难挥发性杂质。

利用水蒸气蒸馏进行分离提纯的有机化合物必须是不溶于水，也不与水发生化学反应，在 100 ℃左右具有一定蒸气压的物质。

2. 水蒸气蒸馏装置

水蒸气蒸馏装置见图 2-17 a，其设有水蒸气发生器。

水蒸气发生器一般为金属制品，也可用 100 mL 圆底烧瓶代替(见图 2-17 b)。盛水量以不超过其容积的 2/3 为宜，其中插入一支接近底部的长玻璃管，做安全管用。当容器内压力增大时，水就沿安全管上升，从而调节内压。

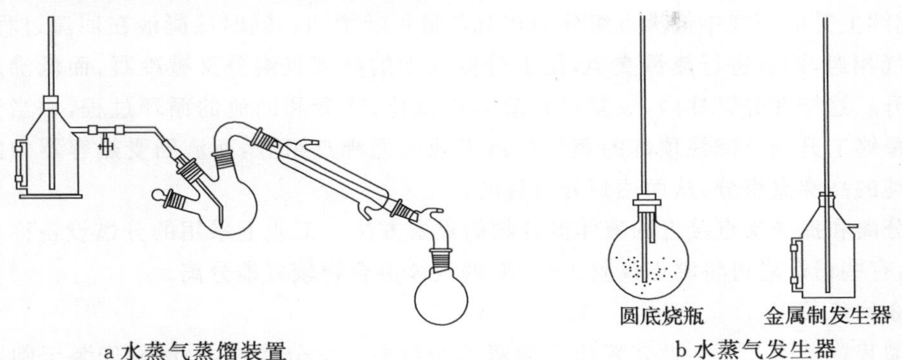

图 2-17　水蒸气蒸馏装置

水蒸气发生器的蒸汽导出管经 T 形管与伸入三口烧瓶内的蒸汽导入管连接。T 形管的支管套有一短橡胶管并配有螺旋夹。它的作用是可随时排出冷凝下来的积水，并可在系统内压力骤增或蒸馏结束时，释放蒸汽，调节内压。

三口烧瓶内盛有待蒸馏的物料。伸入其中的蒸汽导入管应尽量接近瓶底。三口烧瓶的一侧口通过蒸馏弯头依次连接冷凝管、接液管和接受器。另一侧口用塞子塞上。混合蒸汽通过蒸馏弯头进入冷凝器中被冷凝，并经由接液管流入接受器中。

3. 水蒸气蒸馏的操作步骤

①加料。将待蒸馏的物料加入三口烧瓶中，液体量不得超过其容积的 1/3。

②加热。检查整套装置的气密性后，开通冷却水，打开 T 形管的螺旋夹，再开始加热水蒸气发生器，直至水沸腾。

③蒸馏。当 T 形管处有较大量气体冲出时，立即旋紧螺旋夹，蒸汽便进入烧瓶中。这时可看到烧瓶中的混合物不断翻腾，表明水蒸气蒸馏开始进行。适当调节蒸汽量，控制馏出速度为(2～3)滴/s。蒸馏过程中，若发现蒸汽过多地在烧瓶内冷凝，可在烧瓶下面用石棉网适当加热。还应随时观察安全管内的水位是否正常，烧瓶内液体有无倒吸现象。一旦发生这类情况，应立即打开螺旋夹，停止加热，查找原因，排除故障后，才能继续蒸馏。

④停止蒸馏。当馏出液无油珠并澄清透明时，便可停止蒸馏。先打开螺旋夹，解除系统内压力后，再停止加热，稍冷却后，再停通冷却水。

任务七　掌握分馏基本操作

普通蒸馏主要用于分离沸点差较大的液体混合物。而对于沸点比较接近的液体混合物，常需采用分馏的方法，才能达到较好的分离效果。

一、简单分馏

1. 简单分馏的原理及意义

分馏又叫作精馏。实验室中，简单分馏是在分馏柱中进行的。液体混合物受热汽化后，进入分馏柱，在上升过程中，由于受到柱外空气的冷却作用，蒸气中的高沸点组分被不断冷凝流回，使继续上升的蒸气中低沸点组分的相对含量不断增加。同时冷凝液在回流过程中，与上升的蒸气相遇，两者进行热量交换，使上升蒸气中的高沸点组分又被冷凝，而低沸点组分则继续上升。这样在分馏柱内，反复进行着多次汽化、冷凝和回流的循环过程，相当于多次蒸馏。使最终上升到分馏柱顶部的蒸气接近于纯的低沸点组分，而流回受热容器中的液体则接近于纯的高沸点组分，从而达到分离目的。

分馏是分离和提纯沸点接近的液体混合物的重要方法。工业上采用的分馏设备称为精馏塔。目前，有些精馏塔可将沸点仅差 1～2 ℃的液体混合物较好地分离。

2. 简单分馏装置

简单分馏装置见图 2-18。此装置比普通蒸馏装置多一支分馏柱，分馏柱安装于圆底烧瓶与蒸馏头之间。

分馏柱的种类很多。实验室中常用的有填充式分馏柱和刺形分馏柱。填充式分馏柱内装有玻璃球、玻璃管或陶瓷等，可增加表面积，分馏效果好，适用于分离沸点差很小的液体混合物。刺形分馏柱（又称韦氏分馏柱）结构简单、黏附液体少，但分馏效果较填充式差些，适用于分离量较少且沸点差较大的液体混合物。

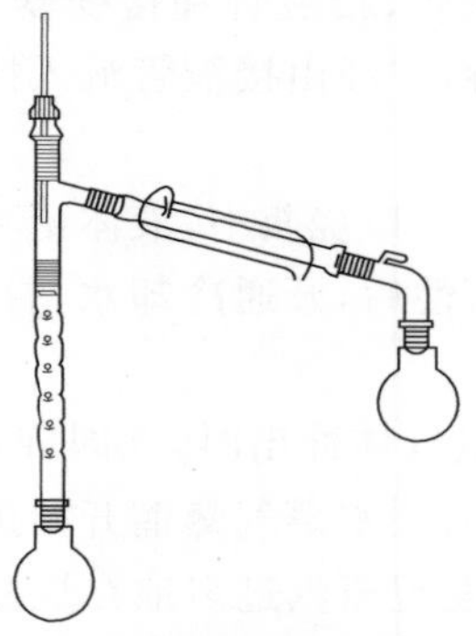

图 2-18　简单分馏装置

简单分馏装置的安装方法及要求与普通蒸馏装置基本相同。

3. 简单分馏操作

简单分馏操作的程度与普通蒸馏大致相同。在圆底烧瓶中装入待分离的液体混合物（注意：不能从蒸馏头或分馏头上口倒入），加入沸石。可用石棉绳或玻璃布等保温材料包扎分馏柱体，以减少柱内热量散失，保持适宜的温度梯次，提高分馏效率。

选择合适的热浴进行加热，缓慢升温，使蒸气环 10～15 min 后到达柱顶。调节浴温，控制分馏速度，一般分馏的馏出液为每 2～3 秒一滴为宜。

待温度骤然下降时，说明低沸点组分已经蒸完。此时可更换接受器，继续升温，按要求接受不同沸点范围的馏分。

分馏结束后，应量取并记录各段馏分及残液的体积。

二、用于制备反应的分馏装置

当制备某些化学稳定性较差，长时间受热容易发生分解、氧化或聚合的有机化合物时，可采取逐渐加入某一反应物的方式，以使反应能够和缓进行；同时通过分馏柱将产物不断地从反应体系中分离出来。装置见图 2-19。

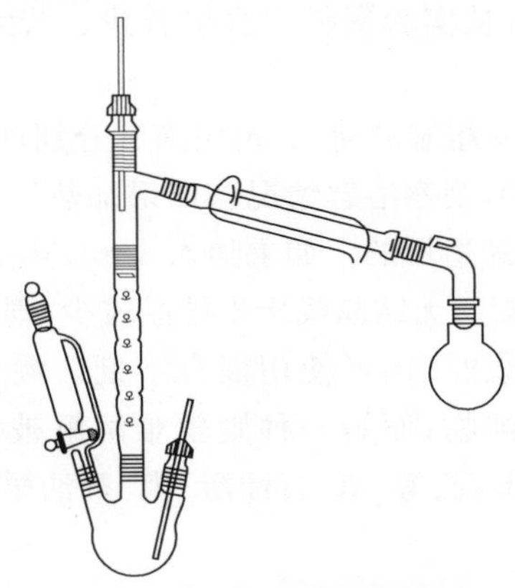

图 2-19　用于制备反应的分馏装置

在三口烧瓶的中口安装分馏柱，分馏柱上依次连接蒸馏头、温度计、冷凝管、接液管和接受器。其操作方法及要求与简单分馏完全相同。三口烧瓶的一个侧口安装温度计、其汞球应浸入反应液面下。另一侧口安装滴液漏斗，滴液漏斗中盛放某一反应物。为使反应物料在内压较大时仍能顺利滴加到反应器中，通常采用恒压滴液漏斗或在普通滴液漏斗上通过胶塞安装平衡管代替恒压漏斗使用。

三口烧瓶、滴液漏斗和分馏柱应分别用铁夹固定在同一铁架台上。滴加物料的速度可根据反应的需要进行调节，馏出液的速度可较一般分馏稍快些，(1～2)滴/s 即可。

任务八　掌握重结晶和过滤的基本操作

重结晶与过滤是分离、提纯固体有机化合物时常用的操作技术。

一、重结晶

将固体有机物溶解在热的溶剂中，制成饱和溶液，再将溶液冷却、重新析出结晶的过程叫作重结晶。重结晶的原理，就是利用有机物与杂质在某种溶剂中的溶解度不同而将它们分离开来。

1. 重结晶溶剂的选择

正确选择溶剂，是重结晶的关键。根据“相似相溶”原理，极性物质应选择极性溶剂，非极性物质则应选择非极性溶剂。在此基础上，选择的溶剂还应符合下列条件。

①不能与被提纯的物质发生化学反应。

②在高温时，被提纯的物质在溶剂中的溶解度较大，而在低温时则很小(低温时溶解度

越小，产品回收率越高）。

③杂质在溶剂中的溶解度很小（当被提纯物溶解时，可将其过滤除去）或很大（当被提纯物析出结晶时，杂质仍留在母液中）。

④容易与被提纯物质分离。

当几种溶剂都适用时，就要综合考虑其毒性大小、价格高低、操作难易及易燃性能等因素来决定取舍。

重结晶所用的溶剂，一般可从实验资料中直接查找。若无现成资料，可按下述方法通过试验来决定。

取几支试管，分别装入 0.1 g 粗制品粉末，再用滴管分别加入 1 mL 不同的溶剂，小心加热至接近沸腾（注意溶剂的可燃性），观察溶解情况。如果加热后完全溶解、冷却后析出的结晶量最多，那么这种溶剂就可认为是最适用的。如果加入 3 mL 热溶剂，仍不能使固体全溶，或固体在 1 mL 热溶剂中能溶解，而冷却后无结晶或析出结晶较少，则可认为这些溶剂不适用。

当使用单独溶剂效果不理想时，还可使用混合溶剂。混合溶剂一般由两种能互溶的溶剂组成。其中一种易溶解被提纯物，而另一种则较难溶解被提纯物。常用的混合溶剂有乙醇-水、丙酮-水、乙酸-水、乙醚-苯、乙醇-苯、石油醚-苯、石油醚-丙酮等。使用时，可根据具体情况进行选择。

2. 重结晶的操作程序

重结晶操作可按下列程序进行。

①热溶解。用选择的溶剂将被提纯的物质溶解，制成热的饱和溶液。

②脱色。如果溶液中含有带色杂质，可待溶液稍冷后，加入适量活性炭再煮沸 5～10 min，利用活性炭的吸附作用除去有色物质。

③热过滤。将溶液趁热在保温漏斗中过滤，除去活性炭及其他不溶性杂质。

④结晶。将滤液充分冷却，使被提纯物呈结晶析出。

⑤抽滤。用减压过滤装置将晶体与母液分离，除去可溶性杂质。用冷溶剂淋洗滤饼两次，再抽干。

⑥干燥。滤饼经自然晾干或烘干，脱除少量溶剂，即得到精制品。

二、过滤

通过置于漏斗中的滤纸将晶体（或沉淀）与液体分离开的操作称为过滤。常用的过滤方法有普通过滤、保温过滤和减压过滤。可根据实验的不同需要进行选择。

1. 普通过滤

普通过滤一般在常温、常压下进行。通常使用 60°角的圆锥形玻璃漏斗。放进漏斗的滤纸，其边缘应比漏斗上口略低。过滤前，先把滤纸润湿，使其贴在漏斗壁上，然后沿玻璃棒倾入混合液，其液面应比滤纸边缘低约 1 cm。漏斗径应靠在接受容器的内壁上。

2. 保温过滤

保温过滤又叫作趁热过滤，常用于重结晶操作中。用普通玻璃漏斗过滤热的饱和溶液时，常常由于温度降低而在漏斗颈中或滤纸上析出结晶，不仅造成损失，而且使过滤发生困难。如果使用保温漏斗（又叫热水漏斗），就不会发生这种情况。

(1)保温漏斗的装配

将一支普通的短颈玻璃漏斗通过胶塞与带有侧管的金属夹套装配在一起，夹套中充注热水，侧管处加热(见图2-20)。这样就可使玻璃漏斗维持较高温度，保证热溶液通过时不降温，顺利过滤。注意：若溶剂为易燃性物质，则过滤时侧管处应停止加热。

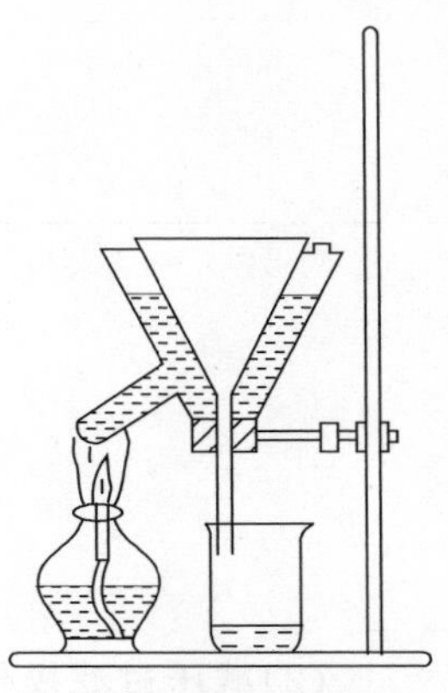

图 2-20　保温过滤

(2)扇形滤纸的折叠

热过滤时，为充分利用滤纸的有效面积，加快过滤度，常使用扇形滤纸，其折叠方法见图 2-21。

①先将圆形滤纸对折成半圆，再对折成圆的 1/4，展开后得折痕 1—2、2—3 和 2—4(见图 2-21 a)；

②以 1 对 4 折出 5，3 对 4 折出 6，1 对 6 折出 7，3 对 5 拆出 8（见图 2-21 b)；

③以 3 对 6 折出 9，1 对 5 折出 10（见图 2-21 c)；

④在每两个拆痕间向相反方向对折一次(见图 2-21 d)，展开后呈双层扇面形(见图 2-21 e)。

⑤拉开双层—在 1 和 3 处各向内折叠一个小折面(见图 2-21 f)，即可放入漏斗中使用。注意：折叠时，折纹不要压至滤纸的中心处，以免多次压折造成磨损，过滤时容易破裂透滤。

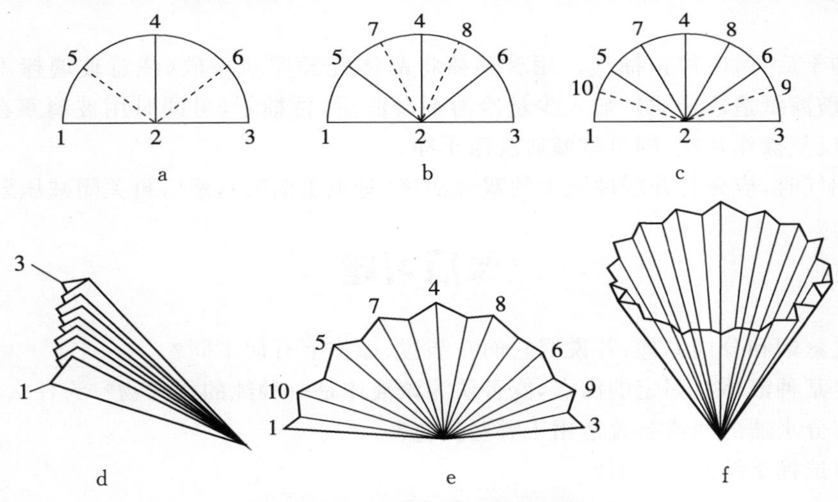

图 2-21　扇形滤纸的折叠方法

(3)保温过滤操作

在热过滤操作时，可分多次将溶液倒入漏斗中，每次不宜倒入过多(溶液在漏斗中停留时间长易析出结晶)，也不宜过少(溶液量少散热快，也易析出结晶)。未倒入的溶液应注意随时加热，保持较高温度，以便顺利过滤。

3. 减压过滤

(1)减压过滤装置

减压过滤装置由布氏漏斗、吸滤瓶、缓冲瓶和减压泵等四部分组成(见图 2-22)。

减压过滤又叫抽气过滤(简称抽滤)。采用抽气过滤，既可缩短过滤时间，又能使结晶与母液分离完全，易于干燥处理。

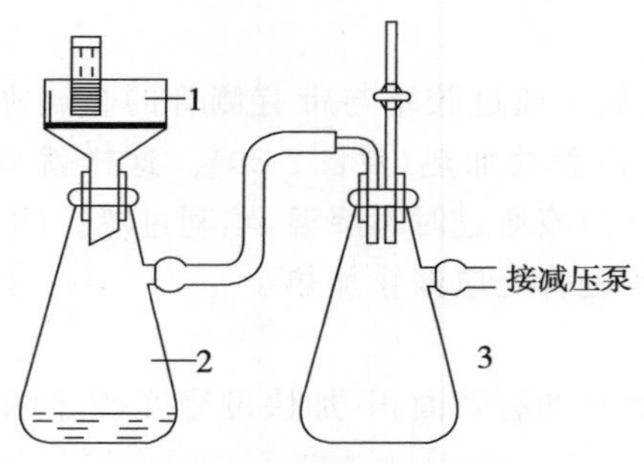

图 2-22　减压过滤装置

1—布氏漏斗；2—吸滤瓶；3—减压瓶

(2)减压过滤操作

减压过滤前，需检查整套装置的严密性，布氏漏斗下端的斜口要正对着吸滤瓶的侧管，放入布氏漏斗中的滤纸，应剪成比漏斗内径略小一些的圆形，以能全部覆盖漏斗滤孔为宜。不能剪得比内径大，那样滤纸周边会起皱褶，抽滤时，晶体就会从皱褶的缝隙被抽入滤瓶，造成透滤。

抽滤时，先用同种溶剂将滤纸润湿，打开减压泵，将滤纸吸住，使其紧贴在布氏漏斗底面上，以防晶体从滤纸边沿被吸入瓶内。然后倾入待分离的混合物，要使其均匀地分布在滤纸面上。

母液抽干后，暂时停止抽气。用玻璃棒将晶体轻轻搅动松散(注意玻璃棒不可触及滤纸，以防碰破滤纸造成透滤)，加入少量冷溶剂浸润后，再抽干(可同时用玻璃塞在滤饼上挤压)。如此反复操作几次，即可将滤饼洗涤干净。

停止抽气时，应先打开缓冲瓶上的双通活塞(避免水倒吸)，然后再关闭减压泵。

课后习题

1. 简述蒸馏和分馏原理，并说明它们在装置、操作上有何不同？
2. 测定某种液体有固定的沸点，能否认为该液体是一种纯的化合物？为什么？
3. 带有分水器的回流装置适用于哪些反应？
4. 如何选择重结晶的溶剂？

项目三　甲烷的制备与性质

知识目标

掌握烷烃的同分异构现象；

掌握烷烃的命名、制备和性质；

了解烷烃的来源和用途。

技能目标

能够正确命名烷烃；

能够制备甲烷；

能够根据烷烃的性质鉴别烷烃。

素质目标

培养小组成员间的团队协作能力；

培养学生的动手能力和安全生产的意识；

培养学生的职业素养和责任感。

任务一　认识甲烷

阅读材料：瓦斯

瓦斯的主要成分是烷烃，其中甲烷占绝大多数，另有少量的乙烷、丙烷和丁烷；此外一般还含有硫化氢、二氧化碳、氮和水汽，以及微量的惰性气体，如氦和氩等。在标准状况下，甲烷至丁烷以气体状态存在，戊烷以上为液体，如遇明火，即可燃烧，发生“瓦斯”爆炸，直接威胁着矿工的生命安全。

瓦斯，在人类的日常生活中，可说扮演了非常重要的角色，如食物烹调，要用瓦斯炉；洗澡用热水，要用瓦斯热水器；甚至连汽车都可用瓦斯做燃料；另外，如盖房子用的漂亮瓷砖，都是用瓦斯烧出来的。值得注意的是，瓦斯的主要成分甲烷虽然对人体基本无毒，但当浓度过高时，使空气中氧含量明显降低，能够造成人窒息。当空气中甲烷含量达25%～30%时，可引起头痛、头晕、乏力、注意力不集中、呼吸与心跳加速、运动失调；若不及时远离，可窒息死亡。皮肤接触液化的甲烷，可致冻伤。

讨论：甲烷是无机物还是有机物？属于哪一类有机物。

【子任务 1】认识甲烷的结构

【任务解析】甲烷的结构

甲烷，分子式为 CH_4，结构见图 3-1。甲烷是最简单的有机物，也是含碳量最少的烃，是天然气、沼气和坑气等的主要成分，俗称瓦斯。甲烷很稳定，跟强酸、强碱或强氧化剂等一般不发生反应。

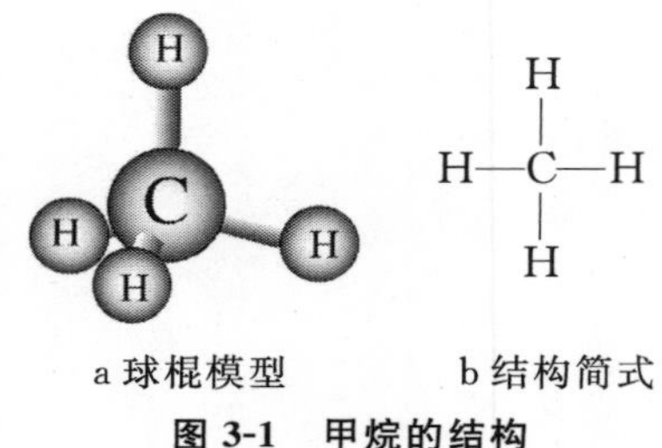

a 球棍模型　　　b 结构简式

图 3-1　甲烷的结构

【子任务 2】认识烷烃

请大家尝试写出下列物质的分子式，观察这些物质的特点。

CH_3-CH_3　　$CH_3-CH_2-CH_2-CH_3$　　$CH_3-\underset{\underset{CH_3}{|}}{CH}-CH_3$　　$CH_3-CH_2-CH_3$

【任务解析】烷烃的特点

只有碳氢两种元素组成的有机化合物称为烃，烷烃是由碳碳单键与碳氢单键所构成，同时也是最简单的一种有机化合物。通过计算碳原子的个数和氢原子的个数就可以写出烷烃的分子式，其通式为 $C_nH_{2n+2}(n\geqslant 1)$。

烃碳原子数为 2，氢原子数为 6，因此分子式为 C_2H_6，满足 C_nH_{2n+2}，这里 n 是碳原子个数。以此类推：

$CH_3-CH_2-CH_2-CH_3$　　　　C_4H_{10}

$CH_3-\underset{\underset{CH_3}{|}}{CH}-CH_3$　　　　C_4H_{10}

$CH_3-CH_2-CH_3$　　　　C_3H_8

通过观察，不难发现，$CH_3-\underset{\underset{CH_3}{|}}{CH}-CH_3$ 和 $CH_3-CH_2-CH_2-CH_3$ 虽然结构不同，但分子式相同，这种现象被称为烷烃的同分异构现象。

【知识链接】烷烃的同分异构现象和命名

一、烷烃的同分异构现象

烷烃，又称为饱和烃，是只含有碳碳单键和碳氢键的链烃，是最简单的一类有机化合物。

烷烃的通式为 C_nH_{2n+2}($n\geqslant1$)，分子中每增加一个碳原子，就增加两个氢原子，相邻的两个烷烃在组成上相差一个 CH_2，这个"CH_2"称为系差。在组成上相差一个或几个系差的化合物称为同系列。同系列中的化合物互称为同系物。同系物具有同一个通式，结构相似，化学性质也相似，物理性质则随着碳原子数目的增加而有规律地变化。

烷烃同系列中，甲烷、乙烷、丙烷只有一种结合方式，没有异构现象。从丁烷起就有同分异构现象，如丁烷有两种异构体：

$$CH_3—CH_2—CH_2—CH_3$$

正丁烷

$$\begin{array}{c} CH_3—CH—CH_3 \\ | \\ CH_3 \end{array}$$

异丁烷

像这样具有相同的分子式而不同的构造式的化合物互称同分异构体，这种现象称同分异构现象。因为构造不同而形成的异构体，称为构造异构体。对于烷烃来说，异构体的数目随着碳原子数目的增加而迅速增加。表 3-1 中列出了几种烷烃理论上存在的异构体数目。

表 3-1　烷烃的同分异构体数目

碳原子数	异构体数	碳原子数	异构体数
1	0	10	75
2	0	11	159
3	0	12	355
4	2	13	802
5	3	14	1858
6	5	15	4347
7	9	16	366 319
8	18	17	36 797 588
9	35	18	4 111 646 763

对于低级烷烃的同分异构体的数目和构造式，可利用碳主链的不同推导出来。现以己烷为例，说明其基本步骤如下。

①写出这个烷烃的最长直链式：

$$C—C—C—C—C—C \qquad (1)(\text{氢省略})$$

②写出少 1 个碳原子的直链式作为主链，把剩下的那个碳当作支链（即甲基），依次取代主链上的各碳原子的氢，就能写出可能的同分异构体的构造式：

$$\begin{array}{c} C—C—C—C—C \\ \;\;| \\ \;\;C \end{array} \qquad \begin{array}{c} C—C—C—C—C \\ \qquad\;\;| \\ \qquad\;\;C \end{array}$$

(2)　　　　　　(3)

③再写出少 2 个碳原子的直链式作为主链，把其他 2 个碳原子当作 2 个支链（2 个甲基），连接在各碳原子上；或把 2 个碳原子当作 1 个支链（乙基），接在各碳原子上。

$$
\begin{array}{ccccccc}
 & C & & & \\
 & | & & & \\
C- & C & -C & -C \\
 & | & & & \\
 & C & & &
\end{array}
\qquad
\begin{array}{cccc}
C- & C & - C & -C \\
 & | & | & \\
 & C & C &
\end{array}
\qquad
\begin{array}{cccc}
C & -C & -C & -C \\
| & & & \\
C & & & \\
| & & & \\
C & & &
\end{array}
\qquad
\begin{array}{cccc}
C- & C & -C & -C \\
 & | & & \\
 & C & & \\
 & | & & \\
 & C & &
\end{array}
$$

(4)　　(5)　　(1)　　(3)

④把重复的去掉，得到正己烷有 5 个同分异构体。

【练一练】写出戊烷、庚烷的同分异构体

二、烷烃的命名

1. 伯、仲、叔、季碳原子和伯、仲、叔氢原子

烷烃中碳原子按与其他碳原子相连数目的不同可分为伯、仲、叔、季 4 种碳原子。伯碳原子是只与其他碳原子相连的碳原子，称为一级碳原子，用 1°表示；仲碳原子是与两个其他碳原子相连的碳原子，称为二级碳原子，用 2°表示；叔碳原子是与 3 个其他碳原子相连的碳原子，称为三级碳原子，用 3°表示；季碳原子是与 4 个其他碳原子相连的碳原称为四级碳原子，用 4°表示。例如：

$$
\begin{array}{ccccc}
 & 1^\circ & 1^\circ & & \\
 & CH_3 & CH_3 & & \\
1^\circ & | & 4^\circ\,| & 2^\circ & 1^\circ \\
CH_3- & CH- & C- & CH_2- & CH_3 \\
 & 3^\circ & | & & \\
 & & CH_3 & & \\
 & & 1^\circ & &
\end{array}
$$

伯、仲、叔碳原子上的氢分别称为伯(1°)、仲(2°)、叔(3°)氢原子。不同类型氢原子相对的反应活性各不相同。

为了学习系统命名法，首先要对烷基有所认识。烷烃分子中去掉一个氢原子，所剩下的基团叫烷基，常见的烷基见表 3-2。脂肪烃去掉氢原子后所剩下的基团，叫脂肪烃基，用 R—表示。芳香烃去掉一个氢原子后所剩下的基团叫芳香烃基，用 Ar—表示。

二价的烷基称为亚基，三价的烷基称为次基。例如：

$$
>CH_2 \qquad >CHCH_3 \qquad -\!\!\!<CH \qquad -\!\!\!<C-CH_3 \qquad (CH_3)_2C<
$$

亚甲基　　亚乙基　　次甲基　　次乙基　　亚丙基

表 3-2　常见的烷基

烷基名称	分子式	烷基名称	分子式
甲基	CH_3-	异丁基	$(CH_3)_2CHCH_2-$
乙基	CH_3CH_2-	仲丁基	$CH_3CH_2CH(CH_3)-$
正丙基	$CH_3CH_2CH_2-$		
异丙基	$(CH_3)_2CH-$	叔丁基	$(CH_3)_3C-$
正丁基	$CH_3CH_2CH_2CH_2-$		

2. 命名

(1)普通命名法

普通命名法又称习惯命名法。用于结构比较简单的烷烃的命名。根据碳原子数目命名为“某烷”。碳原子数在10以内的，用天干十个字(甲、乙、丙、丁、戊、己、庚、辛、壬、癸)来表示碳原子数目。例如：CH_4叫甲烷，C_2H_6叫乙烷，C_3H_8叫丙烷，以此类推。碳原子数在10以上的，用十一、十二……中文数字来表示碳原子数目，如$C_{11}H_{24}$叫十一烷。

为了区别碳链结构，常用正、异、新来表示。对于直链烷烃在母体前加词头“正”；仅在碳链一端第2个碳原子上带有一个甲基(
```
CH3—CH—
    |
    CH3
```
)则命名为“异某烷”；仅在碳链一端第2个碳原子上带有两个甲基(
```
    CH3
    |
CH3—C—
    |
    CH3
```
)则命名为“新某烷”。例如：

```
                                                          CH3
                                                          |
CH3—CH2—CH2—CH2—CH3     CH3—CH—CH2—CH3           CH3—C—CH3
                              |                           |
                              CH3                         CH3
```

正戊烷　　　　　异戊烷　　　　　新戊烷

(2)系统命名法

在系统命名法中，直链烷烃的命名和普通命名法基本相同，仅去掉“正”字。例如：$CH_3CH_2CH_2CH_2CH_3$普通命名法叫正戊烷，系统命名法叫戊烷。烷烃的系统命名法应遵循的原则，简称为“长、多、近、简、小”原则。对于结构复杂的烷烃，则按以下步骤命名。

①选主链。选择分子中最长的碳链(含碳原子数最多)作为主链，若有几条等长碳链时，选择支链较多的一条为主链，即“长、多”。根据主链所含碳原子的数目定为某烷，再将支链作为取代基。例如：

```
                4     5     6                                              CH3
                CH2—CH2—CH3                                   4    3    2 | 1
                |                          CH3—CH2—CH2—CH—CH—C—CH3
CH3—CH2—CH—CH2—CH3                                     5 |    |    |
            3     2     1                          H3C—CH    CH3  CH3
                                                          |
                                                         6CH2
                                                          |
                                                         7CH3
```

母体是己烷，不是戊烷　　　　　母体是庚烷

②碳原子编号。从距支链最近的一端开始，用阿拉伯数字给主链上的碳原子编号。若主链上有2个或2个以上的取代基时，从主链的任一端开始编号，可得到两套表示取代基的位置的数字，这时应采取“取代基位次和最小”的编号方法，即遵循“近、简、小”原则。例如：

```
1     2     3     4      5     6
CH3—CH—CH—CH2—CH—CH3
      |     |            |
      CH3   CH3          CH3
```

正确命名：2,3,5-三甲基己烷

(错误命名：2,4,5-三甲基己烷)

③命名。将支链的位次及名称加在主链名称之前。若主链上连有多个相同的支链时，用大写中文数字表示支链的个数，再在前面用阿拉伯数字表示各个支链的位次，每个位次之间用逗号隔开，最后一个阿拉伯数字与汉字之间用“-”隔开。若主链上连有不同的几个支链时，则按次序规则，由小到大将每个支链的位次和名称加在主链名称之前。例如：

$$CH_3-CH_2-\underset{}{\overset{CH_2-CH_2-CH_3}{\overset{|}{CH}}}-CH_2-CH_2-CH_3$$

4-乙基己烷

$$CH_3-\underset{\underset{CH_3}{|}}{CH}-\overset{CH_3}{\overset{|}{\underset{\underset{CH_3}{|}}{C}}}-CH_2-\underset{\underset{CH_3}{|}}{CH}-CH_3$$

2,3,3,5-四甲基己烷

【练一练】命名下列有机化合物

$$CH_3-CH_2-\overset{CH_3}{\overset{|}{\underset{\underset{CH_3}{|}}{C}}}-\overset{CH_2-CH_3}{\overset{|}{CH}}-\underset{\underset{CH_3}{|}}{CH}-CH_3$$

$$CH_3-CH_2-\overset{CH_3}{\overset{|}{CH}}-\underset{\underset{\underset{\underset{CH_3}{|}}{CH_2}}{|}}{CH}-\underset{\underset{CH_3}{|}}{CH}-CH_2-CH_3$$

任务二　烷烃的制备

【做一做】制备甲烷

实验器材：多媒体实验室、铁架台、硬质试管（25 mm×100 mm、20 mm×200 mm）、具支试管、硬质玻璃管、水槽、试管、集气瓶、带尖嘴的玻璃管和橡胶塞等。

实验药品：无水醋酸钠、生石灰、碱石灰、氢氧化钠、冰醋酸、溴的四氯化碳溶液（3%）、0.1%高锰酸钾溶液、硫酸（10%）、铜网和碎石棉。

组织形式：每 3 个同学为一实验小组，根据老师给出的引导步骤，自行完成实验。

实验内容：

1.醋酸钠和碱石灰法制备甲烷

反应的化学方程式：$CH_3-\overset{O}{\overset{\|}{C}}-ONa + NaOH \xrightarrow{\triangle} CH_4\uparrow + NaHCO_3$

如图 3-2 所示把仪器连接好。其中作为反应用试管（25 mm×100 mm，硬质且干燥），试管口配一橡皮塞，打一孔，插入玻璃导管，试管斜置，试管口稍低于试管底。检查装置不漏气后，把 5 g 无水醋酸钠、3 g 碱石灰和 2 g 粒状氢氧化钠放在研钵中研细充分混合，立即倒入试管中，从底部往外铺。用集气瓶收集甲烷待用。

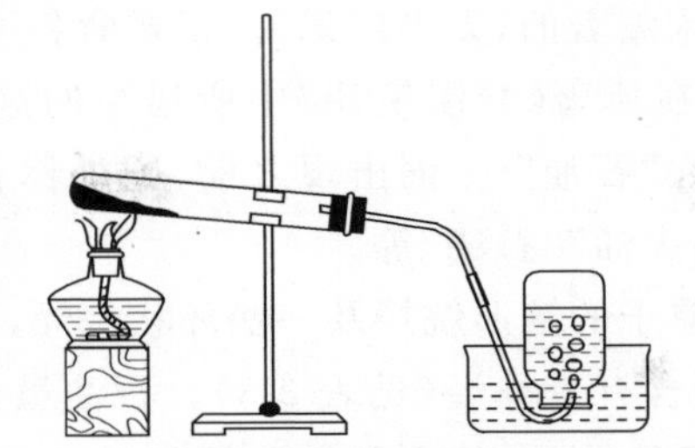

图 3-2　醋酸钠和碱石灰制备甲烷的装置

2. 冰醋酸脱羧法

反应的化学方程式：$CH_3-\overset{\overset{O}{\|}}{C}-OH \xrightarrow{\triangle} CH_4\uparrow + CO_2\uparrow$

如图 3-3 所示将仪器连接好。所采用的反应用试管（20 mm×200 mm）为具支试管，量取 15 mL 冰醋酸放入其中。取卷成圆柱状的铜网 5～6 cm 放在一硬质玻璃中，靠近醋酸气体导入端，玻璃管略向下倾斜。用 10～15 mL 20%～25%氢氧化钠溶液洗涤气体并收集。

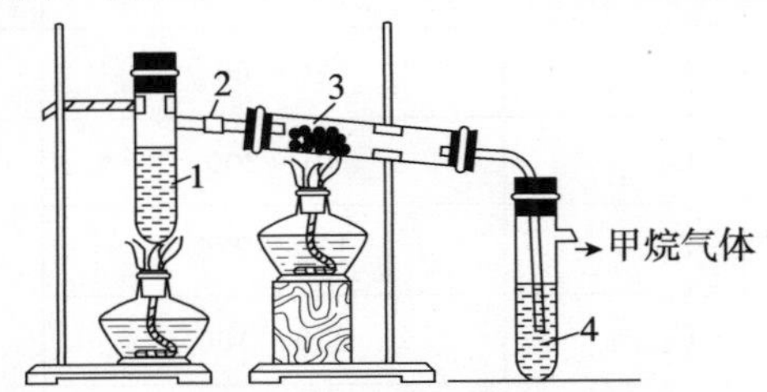

图 3-3　冰醋酸脱羧法制备甲烷的装置

1—冰醋酸；2—具支试管；3—铜网；4—氢氧化钠

【任务解析】甲烷的制备

关键操作：

①装药品之前一定要先进行气密性检查，并且保证试管干燥；

②药品尽量混合均匀，使反应充分进行；

③酒精灯加热时要先预热，然后从前往后缓慢移动，在保证充分反应的同时，防止药品因气流作用冲出堵住试管口；

④将试管稍向下倾斜，可以防止产生的液体回流而导致试管破裂；

⑤醋酸钠是碱性物质，受热熔融后易外溅，所以要小心操作，防止溅入眼内。

实验现象：

药品缓慢融化，试管壁上有水珠产生。

【知识链接】烷烃的来源

烷烃的天然来源是石油（petroleum）和天然气（natural gas）。

石油又称原油，是从地下深处开采的未进行加工的棕黑色黏稠状可燃性液体，相对密度介于 0.80～0.98。例如：胜利原油混合油样为黑色，相对密度为 0.9080。最早提出“石油”

一词的是公元 977 年中国北宋编著的《太平广记》。正式命名为“石油”是根据中国北宋杰出科学家沈括(1031—1095 年)在所著《梦溪笔谈》中所描写的这种油“生于水际,砂石与泉水相杂,惘惘而出”而命名的。在“石油” 一词出现之前,国外称石油为“魔鬼的汗珠”“发光的水”等,中国称为“石脂水”“猛火油”“石漆”等。

石油中含有 1～50 个碳原子的链形烷烃及一些环状烷烃,而以环戊烷、环己烷及其衍生物为主,个别产地的石油中还含有芳香烃(见表 3-3)。石油虽含有丰富的各种烷烃,但这是个复杂混合物,除 C_1～C_6烷烃外,由于其中各组分的相对分子质量差别小,沸点相近,要完全分离成极纯的烷烃,较为困难。采用气相色谱法,虽可有效地予以分离,但这只适用于研究,而不能用于大量生产。因此在使用上,只把石油分离成几种馏分来应用。石油分析中有时需要纯的烷烃做基准物,可以通过合成的方法制备。

表 3-3　石油的馏分

馏分	组成	沸点范围/℃	用途
石油气	C_1～C_4	＜20	燃料、化工原料
石油醚	C_5～C_6	20～60	溶剂
汽油	C_7～C_9	40～200	溶剂、内燃机燃料
煤油	C_{10}～C_{16}	170～275	飞机燃料
柴油	C_{16}～C_{20}	250～400	柴油机燃料
润滑油	C_{18}～C_{22}	＞300	润滑剂
沥青	C_{20}以上		防腐、绝缘、铺路材料

天然气是在地下含低级烷烃的可燃性气体。尽管各地的天然气组分不同,但几乎都含有 75%的甲烷、15%的乙烷及 5%的丙烷,其余的为较高级的烷烃。通常把开采石油时得到的烷烃的气体称为油田气,从气井开采得到的称为天然气。天然气无色、无味、无毒且无腐蚀性,天然气的主要成分是甲烷,同时还含有乙烷、丙烷等低级烷轻和少量硫化氢、二氧化碳等。天然气根据其组成可分为两大类:一类是甲烷含量在 80%～99%(体积分数),称为干气;另一类是除甲烷外还含有较多的 C_2～C_4的低级烷烃,称为湿气。

任务三　烷烃的鉴定

【做一做】甲烷的理化性质实验

实验器材:水槽、导气管、漏斗、带尖嘴的玻璃管、烧杯、试管、软木塞等。

实验药品:溴的四氯化碳溶液(1%)、高锰酸钾溶液(0.1%)、硫酸(10%)。

组织形式:每 3 个同学为一实验小组,根据老师给出的引导步骤,自行完成实验。

任务内容:

1.甲烷的物理性质

通过查阅资料,完成表3-4。

表3-4　甲烷的物理性质

外观	沸点	密度	溶解度

2.甲烷的化学性质

(1)可燃性

采用安全点火法,将导气管浸于水槽的水面以下,导气管出口的上面倒立一个漏斗,漏斗管口连接尖嘴玻璃管,估计空气排尽后,就可以点火了。观察甲烷是否能燃烧,火焰是什么颜色?写出反应的化学方程式。

(2)卤代反应

在装有甲烷的两支试管中各加入1%溴的四氯化碳溶液0.5 mL,用软木塞塞紧。一支避光保存,另一支拿到日光下照射15～20 min,比较两支试管中液体颜色的变化。写出反应的化学方程式。

(3)与高锰酸钾反应

向另一支装有甲烷的试管加入0.1 mL 0.1%的高锰酸钾溶液和2 mL 10%硫酸,用软木塞塞紧,振荡,观察溶液颜色变化。

【任务解析】甲烷的性质

1.甲烷的物理性质

通过实验制得的甲烷是无色、无味、可燃和无毒的气体,其沸点为－161.49 ℃;甲烷与空气的质量比是0.54,比空气约轻一半;甲烷的溶解度很少,在20 ℃、0.1 kPa时,100个单位体积的水,只能溶解3个单位体积的甲烷。

2.甲烷的化学性质

(1)可燃性实验

甲烷在空气中燃烧发出蓝色火焰,生成二氧化碳和水:

$$CH_4+2O_2 \xrightarrow{点燃} CO_2+2H_2O$$

(2)卤代反应

光照条件下,甲烷与溴发生反应,溴水褪色:

$$CH_4+Br_2 \xrightarrow{光照或点燃} CH_3Br+HBr$$

(3)与高锰酸钾反应

溶液颜色无变化,表明甲烷与强氧化剂不发生反应。

【知识链接】烷烃的性质

一、物理性质

烷烃是无色的、具有一定气味的物质。它们具有相似的物理性质,如其熔点(mp)、沸点

(bp)和相对密度随着碳原子数的增加而有规律地变化，一般来说，在有机化合物中，同系列化合物的物理常数是随着相对分子质量的增加而有规律变化的。一些直链烷烃的物理常数列于表 3-5 中。

表 3-5　一些直链烷烃的物理常数

名称	熔点/℃	沸点/℃	相对密度	折射率
甲烷	−183	−161.5	0.424	
乙烷	−172	−88.6	0.546	
丙烷	−188	−42.1	0.501	1.3397
丁烷	−135	−0.5	0.579	1.3562
戊烷	−130	36.1	0.626	1.3577
己烷	−95	68.7	0.659	1.3750
庚烷	−91	98.4	0.684	1.3877
辛烷	−57	125.7	0.703	1.3976
壬烷	−54	150.8	0.718	1.4056
癸烷	−30	174.1	0.730	1.4120
十一烷	−26	195.9	0.740	1.4173
十二烷	−10	216.3	0.749	1.4216
三十烷	66	446.4	0.810	

直链烷烃的沸点随相对分子质量的增加而逐渐升高(见表 3-5)。这是由于分子中碳原子数增多，分子间的范德华力增大的缘故。

直链烷烃的熔点，其变化规律与沸点相似，也是随着相对分子质量的增加而逐渐升高，(见表 3-5)。但有所不同的是，一般由奇数碳原子升到偶数碳原子，熔点升高得多些。而由偶数碳原子升到奇数碳原子，熔点升高得少些。如果以熔点为纵坐标，碳原子数为横坐标作图，则得到一条折线，分别将奇数和偶数碳原子的烷烃相连，则得到两条比较平滑的曲线，偶数在上，奇数在下(见图 3-4)。

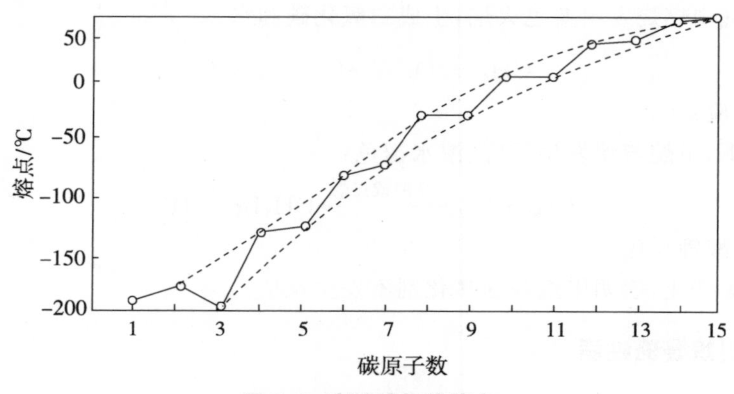

图 3-4　直链烷烃的熔点

含有支链的烷烃，由于支链的阻碍，分子间的靠近程度不如直链烷烃，分子间作用力减弱，所以支链烷烃的熔、沸点低于直链烷烃。

【练一练】列出庚烷的同分异构体沸点的高低顺序

二、化学性质

烷烃的化学性质不活泼，常温下烷烃与强酸、强碱、强氧化剂、强还原剂及活泼金属都不反应。

1.氧化反应

烷烃可以在空气中燃烧，生成二氧化碳和水。

$$C_nH_{2n+2}+\frac{3n+1}{2}O_2\xrightarrow{点燃}nCO_2+(n+1)H_2O+热能$$

另外，在引发剂下可以使烷烃部分氧化、生成醇、醛、酸等。

$$高级烷烃(C_{20}\sim C_{30})\xrightarrow{氧化}高级脂肪酸$$

2.卤代反应

烷烃分子中的氢原子被卤素原子取代的反应称为卤代反应。

卤素与甲烷的反应活性顺序为：$F_2>Cl_2>Br_2>I_2$。甲烷的氟代反应十分剧烈，难以控制，强烈的放热反应所产生的热量可破坏大多数的化学键，以致发生爆炸。碘最不活泼，碘代反应难以进行。因此，卤代反应一般是指氯代反应和溴代反应，溴代反应比氯代反应进行得稍微慢一些，也需在紫外线或高温下进行。

①氯代反应。在紫外线照射或温度在250～400 ℃的条件下，甲烷和氯气这两种气体混合物可剧烈地发生氯代反应，得到氯化氢和一氯甲烷、二氯甲烷、三氯甲烷(氯仿)及四氯甲烷(四氯化碳)的取代混合物：

$$CH_4\xrightarrow[光]{Cl_2}CH_3Cl\xrightarrow[光]{Cl_2}CH_2Cl_2\xrightarrow[光]{Cl_2}CHCl_3\xrightarrow[光]{}CCl_4$$

	甲烷	一氯甲烷	二氯甲烷	三氯甲烷	四氯甲烷
沸点：	−161.5℃	−24.2℃	40℃	61.7℃	76.5℃

②溴代反应。溴代反应中，也遵循叔氢＞仲氢＞伯氢的反应活性，相对活性为1600∶82∶1。溴的选择性比氯强，为什么呢？可用卤原子的活泼性来说明，因为氯原子较活泼，又有能力夺取烷烃中的各种氢原子而成为HCl。溴原子不活泼，绝大部分只能夺取较活泼氢(3°或4°H)。例如：

$$CH_3CH_2CH_3+Br_2\xrightarrow[25\ ℃]{h\nu}CH_3CH_2CH_2Br+CH_3-\underset{\displaystyle Br}{\underset{|}{CH}}-CH_3$$

1-溴丙烷(3%)　2-溴丙烷(97%)

$$CH_3-\overset{\displaystyle CH_3}{\overset{|}{\underset{\displaystyle CH_3}{\underset{|}{C}}}}-H+Br_2\xrightarrow[25\ ℃]{h\nu}CH_3-\overset{\displaystyle CH_3}{\overset{|}{\underset{\displaystyle CH_3}{\underset{|}{C}}}}-Br+Br-CH_2-\overset{\displaystyle CH_3}{\overset{|}{\underset{\displaystyle CH_3}{\underset{|}{C}}}}-H$$

2-甲基-2-溴丙烷(＞99%)　2-甲基-1-溴丙烷(痕量)

③热裂反应。把烷烃的蒸气在没有氧气的条件下，加热到450 ℃以上时，分子中的

C—C键、C—H键都发生断裂，形成较小的分子。这种在高温及没有氧气的条件下发生键断裂的反应称为热裂反应：

$$CH_3—CH(—H)—CH_2(—H) \xrightarrow{460\ ℃} CH_3CH=CH_2 + H_2$$

$$CH_3—CH_2—CH_2(—H) \xrightarrow{460\ ℃} H_2C=CH_2 + CH_4$$

烷烃在800～1100 ℃的热裂产物主要是乙烯，其次为丙烯、丁烯、丁二烯和氢。热裂反应相当复杂，在热裂的同时，还有部分小分子烃又转变为较大的分子，有些甚至分子量比原来的烃分子量更大。

阅读材料：汽油的辛烷值

辛烷值是一种衡量汽油在汽缸内抗爆震燃烧能力的数字指标，其值高表示抗爆性好。

常以异辛烷(2,2,4-三甲基戊烷)为标准，它的抗爆性较好，辛烷值规定为100，而正庚烷抗爆性较差，用作抗爆性低劣的标准，辛烷值规定为0。将这两种烃按不同体积比例混合，可配制成辛烷值0～100的标准燃料。

例如，某一汽油在引擎中所产生的爆震，正好与98%异辛烷及2%正庚烷的混合物的爆震程度相同，即称此汽油之辛烷值为98。此汽油若再掺和其他添加剂，辛烷值可大于98或小于98甚至超过100。

一般所谓的95号、92号无铅汽油即是指其辛烷值，所以95号汽油比92号汽油的抗爆性好。

辛烷值只是一个相对指标，而不是真的只以正庚烷或异辛烷来混合，所以有些汽油再掺和其他添加剂时的辛烷值可以超过100，也可以为负值。

辛烷值愈高，代表抑制引擎爆震能力愈强，但要配合汽车引擎之压缩比使用。若车辆"压缩比"在9.1以下应以92号无铅汽油为燃料；压缩比为9.2～9.8使用95号无铅汽油；压缩比在9.8以上或者涡轮增压引擎车种才需要使用98号无铅汽油。

依测定条件不同，主要有以下几种辛烷值。

①马达法辛烷值测定条件较苛刻，发动机转速为900 $r \cdot min^{-1}$，进气温度149 ℃。它反映汽车在高速、重负荷条件下行驶的汽油抗爆性。

②研究法辛烷值测定条件缓和，转速为600 $r \cdot min^{-1}$，进气温度为室温。这种辛烷值反映汽车在市区慢速行驶时的汽油抗爆性。对同一种汽油，测定出的研究法辛烷值比马达法辛烷值高0～15个单位，两者之间差值称为敏感性或敏感度。

③道路法辛烷值也称行车辛烷值，用汽车进行实测或在全功率实验台上模拟汽车在公路上行驶的条件进行测定。道路法辛烷值也可用马达法辛烷值和研究法辛烷值按经验公式计算求得。马达法辛烷值和研究法辛烷值的平均值称作抗爆指数，它可以近似地表示道路法辛烷值。

课后习题

一、选择题

1. 同分异构体具有(　　)
   A. 相同的分子质量和不同的组成
   B. 相同的分子组成和不同的相对分子质量
   C. 相同的分子结构和不同的相对分子质量
   D. 相同的分子组成和不同的分子结构
2. 下列属于同分异构体的是(　　)
   A. 2-溴丙烷与 2-溴丁烷　　B. 氧气与臭氧
   C. 2-甲基丙烷与丁烷　　D. 水与重水
3. 丙烷的一溴代物有(　　)种
   A. 1 种　　B. 2 种
   C. 3 种　　D. 4 种
4. 下列说法正确的是(　　)
   A. 凡是分子组成相差一个或几个 CH_2 原子团的物质,彼此一定是同系物
   B. 两种物质组成元素相同,各元素质量分数也相同,则二者一定是同分异构体
   C. 相对分子质量相同的几种物质,互称为同分异构体
   D. 组成元素的质量分数相同,且相对分子质量相同和结构不同的化合物互称为同分异构体
5. 某同学写出的烷烃的名称中,正确的是(　　)
   A. 2,3,3-三甲基丁烷
   B. 3,3-二甲基丁烷
   C. 3-甲基-2-乙基戊烷
   D. 2,2,3,3-四甲基丁烷
6. 下列化学式只能表示一种物质的是(　　)
   A. C_3H_8　　B. C_4H_{10}
   C. $C_2H_4Cl_2$　　D. C_3H_7Cl
7. 下列烷烃中沸点最高的是(　　)
   A. 丙烷　　B. 丁烷
   C. 戊烷　　D. 异戊烷

二、命名

1.
```
              CH3
              |
CH3—CH2—C—CH2—CH3
              |
              CH3
```

2. $$\begin{array}{ccccccccc} & & \mathrm{CH_3} & & & & & & \\ & & | & & & & & & \\ \mathrm{CH_3} & — & \mathrm{C} & — & \mathrm{CH} & — & \mathrm{CH_2} & — & \mathrm{CH_3} \\ & & | & & | & & & & \\ & & \mathrm{CH_3} & & \mathrm{C_2H_5} & & & & \end{array}$$

3. $$\begin{array}{ccccccccccc} & & \mathrm{C_2H_5} & & & & & & & & \\ & & | & & & & & & & & \\ \mathrm{CH_3} & — & \mathrm{C} & — & \mathrm{CH} & — & \mathrm{CH_2} & — & \mathrm{CH} & — & \mathrm{CH_3} \\ & & | & & | & & & & | & & \\ & & \mathrm{CH_3} & & \mathrm{CH_3} & & & & \mathrm{CH_3} & & \end{array}$$

4. $$\begin{array}{ccccccccccccc} & & & & & & \mathrm{CH_3} & & & & \mathrm{CH_3} & & \\ & & & & & & | & & & & | & & \\ \mathrm{CH_3} & — & \mathrm{CH_2} & — & \mathrm{CH_2} & — & \mathrm{C} & — & \mathrm{CH_2} & — & \mathrm{CH} & — & \mathrm{CH_3} \\ & & & & & & | & & & & & & \\ & & & & & & \mathrm{CH_3} & & & & & & \end{array}$$

三、写出下列化合物的构造式

1. 正戊烷　　2. 异戊烷

3. 新戊烷　　4. 2-甲基丁烷

5. 2-甲基-4 乙基庚烷　　6. 2,3-二甲基己烷

四、完成下列填空

1. 烷烃的物理性质一般随分子数的增加而发生__________的变化，如常温下它们的__________和__________随着碳原子数的增加而__________，造成规律性变化的主要原因是____。

2. 某种直链烷烃，其一氯代物一共有 4 种，请写出这种烷烃的结构式。

____

五、计算题

100 mL 甲烷、乙烷混合气体完全燃烧得 150 mL 的 CO_2（两种气体在相同温度、压力下测量），请计算原混合气体中甲烷、乙烷分别所占的体积。

项目四　乙烯的制备与性质

知识目标

掌握烯烃的同分异构现象；
掌握烯烃的命名、制备和性质；
了解烯烃的来源和用途。

技能目标

能够正确命名烯烃；
能够制备乙烯；
能够根据烯烃的性质鉴别烯烃。

素质目标

培养小组成员间的团队协作能力；
培养学生的动手能力和安全生产的意识。

任务一　认识乙烯

【子任务】认识乙烯的结构

【任务解析】乙烯的结构

乙烯，分子式为 C_2H_4，结构见图 4-1。乙烯是由两个碳原子和四个氢原子组成的化合物，两个碳原子之间以双键连接。乙烯是合成纤维、合成橡胶、合成塑料的基本化工原料，也可用作水果和蔬菜的催熟剂，是一种已证实的植物激素。

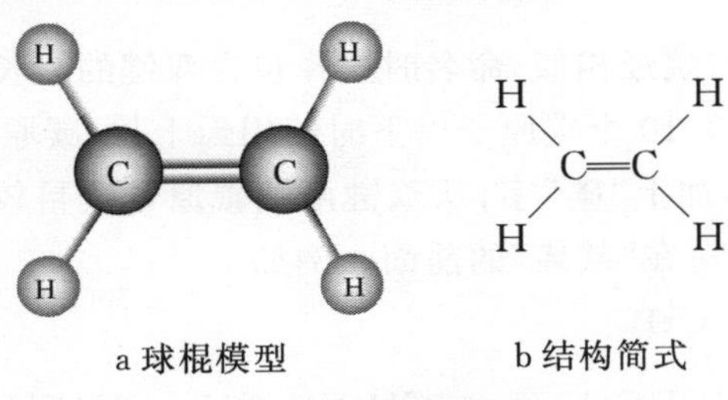

图 4-1　乙烯的结构

阅读材料:乙烯的催熟作用

在生活中我们常常有这样的经验,将其他没有完全熟透的水果与香蕉放在一起就会在短时间内变熟。这是什么原因呢?

答案很简单,是因为香蕉中含有较多的乙烯,而乙烯对水果蔬菜具有催熟的作用。植物果实的成熟过程中,会释放微量的乙烯,作为果实的催熟剂。如果尚未成熟的果实暴露在有微量乙烯的环境里,会加速成熟。与其他植物激素不同的是,乙烯是一种结构极其简单的气态激素,这也是其他水果能被香蕉中的乙烯催熟的原因。

乙烯在农业生产中起重要的作用,它经常被用于催熟可食用的果实,加快生产进程;但乙烯的用量不易把握,过多使用会对人体造成危害,所以对乙烯的应用还有待提高。

【知识链接】烯烃和炔烃的同分异构现象和命名

一、烯烃

1. 同分异构现象

烯烃是一类含有碳碳双键的碳氢化合物。分子中含有一个碳碳双键的烯烃称为单烯烃,链状单烯烃的结构通式为 $C_nH_{2n}(n\geqslant 2)$;含有两个或两个以上碳碳双键的烯烃称为多烯烃。碳碳双键数目最少的多烯烃是二烯烃或称双烯烃。两个双键被一个单键隔开的二烯烃被称为共轭二烯烃。共轭二烯烃有一些独特的物理和化学性质。

与烷烃类似,烯烃同系物中,乙烯、丙烯没有异构现象,从丁烯开始出现同分异构体。由于双键位置的不同,丁烯共有 3 个同分异构体:

$CH_2{=}CH{-}CH_2CH_3$

1-丁烯

$CH_3{-}CH{=}CH{-}CH_3$

2-丁烯

$CH_2{=}C(CH_3)_2$ (C 上连两个 CH_3)

2-甲基丙烯(异丁烯)

对于烯烃来说,异构体的数目同样随着碳原子数目的增加而迅速增加。由于烯烃分子中双键的存在,烯烃异构的现象更为复杂。

【练一练】写出戊烯的同分异构体

2. 烯烃的命名

(1)烯烃的系统命名法

烯烃的系统命名方法与烷烃相似,命名时选择包含双键的最长碳链作为主链,按主链碳原子数目将烯烃命名为某烯,10 个碳原子以下时使用天干数,碳原子数目大于 10 时,用中文数字表示,并在“烯”字之前加上“碳”字;从双键两端碳原子数目较少的一侧开始编号;用阿拉伯数字标明双键的位次,写在“某烯”的前面。例如

$CH_2{=}CHCH(CH_3)CH_3$

3-甲基-1-丁烯

$CH_3CH_2CH{=}CH(CH_2)_{10}CH_3$

3-十五碳烯

二烯烃命名时，选择含有两个双键的碳链作为主链，称为某二烯；从距离双键最近的一端开始编号，并用阿拉伯数字标明两个双键的位次，写在"某二烯"名称前面。例如：

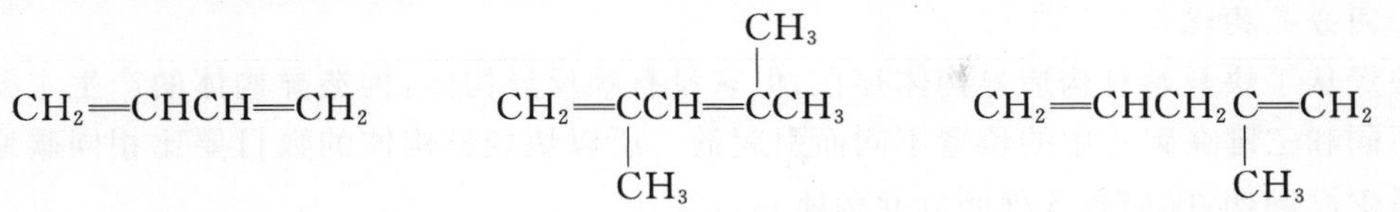

$CH_2{=}CHCH{=}CH_2$　　1,3-丁二烯

$CH_2{=}C(CH_3)CH{=}C(CH_3)CH_3$　　2,4-二甲基-1,3-戊二烯

$CH_2{=}CHCH_2C(CH_3){=}CH_2$　　2-甲基-1,4-戊二烯

(2)烯基的命名

烯烃分子中失去一个氢原子后剩下的基团，称为烯基。较为简单的烯基有：

$CH_2{=}CH-$　乙烯基

$CH_3CH{=}CH-$　丙烯基

$CH_2{=}CHCH_2-$　烯丙基

【拓展知识】烯烃立体异构体的命名

1.顺反命名法

双键碳原子所连的相同原子或基团在双键同一侧的烯烃，在其名称前加上"顺"字，否则用"反"字命名，例如：

顺-2-丁烯：C=C 双键一侧两个碳原子上各连 H（上方）和 CH_3（下方）

反-2-丁烯：左侧碳原子连 H（上方）和 CH_3（下方），右侧碳原子连 CH_3（上方）和 H（下方）

2. *Z*/*E* 命名法

双键碳原子所连4个原子或基团不同时，可以使用 *Z*/*E* 命名法命名。值得注意的是，顺反异构体也可以使用该法进行命名。

Z/*E* 命名法首先将双键碳原子所连的原子按照"次序规则"进行排序，即与双键碳原子相连的原子序数较大者优先。例如：

$$I>Br>Cl>S>P>F>O>N>C>H$$

连接双键碳原子基团的第一个原子相同时，则顺次比较与第一个原子相连的其他原子确定优先顺序。以双键两端分别连接有甲基和乙基为例，双键碳原子所连的第一个原子都是碳原子，因此需要比较与该碳原子相连的其他原子。除了双键碳原子之外，甲基碳原子连接3个氢原子，与乙基碳原子连接的原子包括2个氢原子与1个碳原子，因此乙基的优先顺序要高于甲基。

若较优先的基团在双键同侧，为 *Z* 型；在相反的两侧则为 *E* 型。在使用 *Z*/*E* 命名法时，需要在括号内标明"*Z*"或"*E*"。例如

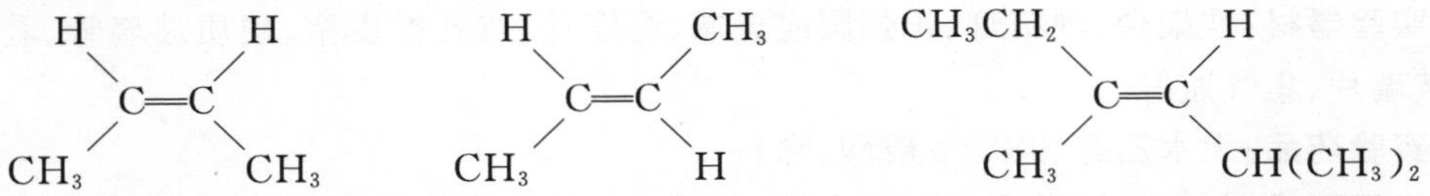

(*Z*)-2-丁烯：左侧碳原子连 H（上方）和 CH_3（下方），右侧碳原子连 H（上方）和 CH_3（下方）

(*E*)-2-丁烯：左侧碳原子连 H（上方）和 CH_3（下方），右侧碳原子连 CH_3（上方）和 H（下方）

(*E*)-2,4-二甲基-3-己烯：左侧碳原子连 CH_3CH_2（上方）和 CH_3（下方），右侧碳原子连 H（上方）和 $CH(CH_3)_2$（下方）

二、炔烃

1. 同分异构现象

炔烃从丁炔开始有构造异构体存在，但它没有顺反异构体，构造异构体的产生主要是由碳链不同和三键在碳链中的位置不同而引起的。所以炔烃异构体的数目要比相同碳原子数的烯烃少。例如，戊炔有 3 种同分异构体：

$CH\equiv CCH_2CH_2CH_3$　1-戊炔

$CH_3C\equiv CCH_2CH_3$　2-戊炔

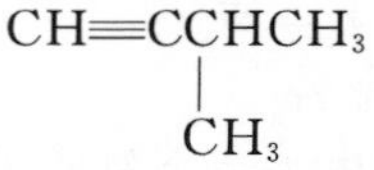

$$\begin{array}{l}CH\equiv CCHCH_3\\ \qquad\qquad |\\ \qquad\quad\ CH_3\end{array}$$

3-甲基-1-丁炔

2. 炔烃的命名

系统命名法：与烯烃类似，命名时只需将名称中的“烯”字改成“炔”字即可。例如：

$CH\equiv CCH_2CH_3$　1-丁炔

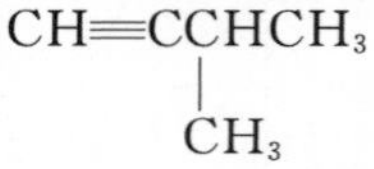

$$\begin{array}{l}CH\equiv CCHCH_3\\ \qquad\qquad |\\ \qquad\quad\ CH_3\end{array}$$

3-甲基-1-丁炔

$CH_3C\equiv CCH_2CH_2CH_3$　2-己炔

若分子中同时含有双键和三键时，命名时，应选取含双键和三键的最长碳链作为主链，并将其命名为烯炔(烯在前，炔在后)。主链中碳原子的编号遵循最低系列原则，当双键、三键处在相同的位次时，应给双键最低的编号。例如：

$CH\equiv C—HC=CH_2$　1-丁烯-3-炔

$CH\equiv C—CH=CHCH_3$　3-戊烯-1-炔

【练一练】命名下列有机化合物

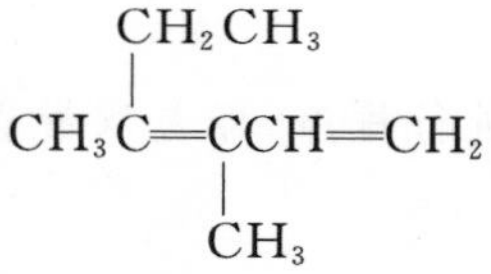

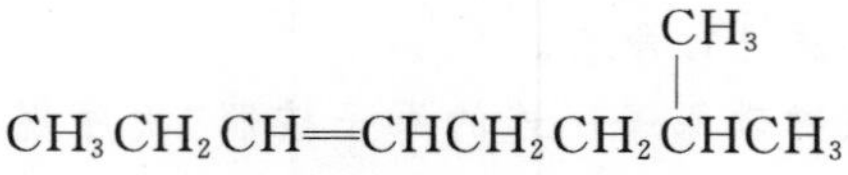

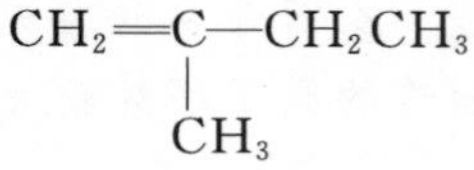

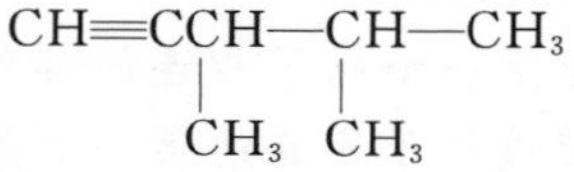

$$\begin{array}{l}\qquad CH_2CH_3\\ \qquad |\\ CH_3C=CCH=CH_2\\ \qquad\quad |\\ \qquad\quad CH_3\end{array}$$

$$\begin{array}{l}\qquad\qquad\qquad\qquad\qquad\qquad\qquad CH_3\\ \qquad\qquad\qquad\qquad\qquad\qquad\qquad |\\ CH_3CH_2CH=CHCH_2CH_2CHCH_3\end{array}$$

$$\begin{array}{l}CH_2=C—CH_2CH_3\\ \qquad\quad |\\ \qquad\quad CH_3\end{array}$$

$$\begin{array}{l}CH\equiv CCH—CH—CH_3\\ \qquad\quad |\qquad |\\ \qquad\ CH_3\ \ CH_3\end{array}$$

$CH\equiv C—CH_3$

$$\begin{array}{l}CH_2=C—CH_3\\ \qquad\quad |\\ \qquad\quad CH_3\end{array}$$

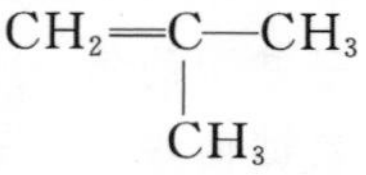

任务二　烯烃的制备

【做一做】制备乙烯

实验器材：铁架台、酒精灯、长颈圆底烧瓶、温度计、双孔橡皮塞、硬质玻璃管、乳胶管、水槽、玻璃片、集气瓶等。

实验药品：无水乙醇、98%浓硫酸、沸石。

组织形式：每 3 个同学为一实验小组，根据老师给出的引导步骤，自行完成实验。

实验内容：乙醇脱水制备乙烯。

反应的化学方程式：$CH_3CH_2OH \xrightarrow[170\ ℃]{浓\ H_2SO_4} \begin{matrix} H & & H \\ & C{=}C & \\ H & & H \end{matrix} \uparrow + H_2O$

如图 4-2 所示将装置搭建好。检查装置气密性后，先向烧瓶中加入 10 mL 乙醇，然后分批缓缓加入浓硫酸 30 mL，向烧瓶里添加几粒沸石；迅速升温，控制混合液温度在 170 ℃左右，使用排水集气法收集制得的乙烯。为了获得较为纯净的乙烯，也可以按照图 4-3 所示搭建装置，由烧瓶出来的气体先经 10% NaOH 溶液洗气，然后再收集。收满乙烯的集气瓶，盖好毛玻璃片后倒放在实验桌上。

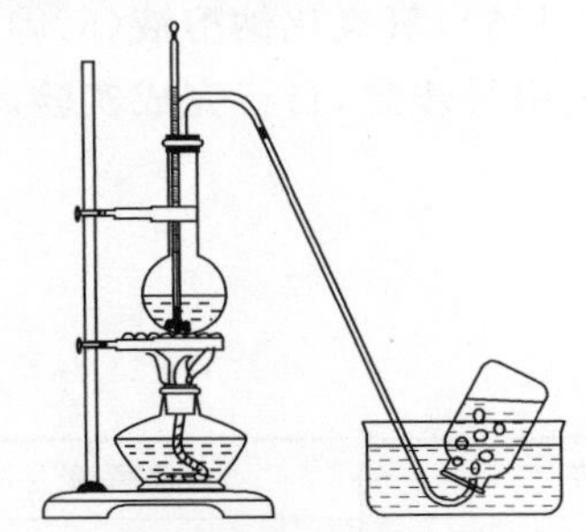

图 4-2　乙醇脱水制备乙烯的实验装置

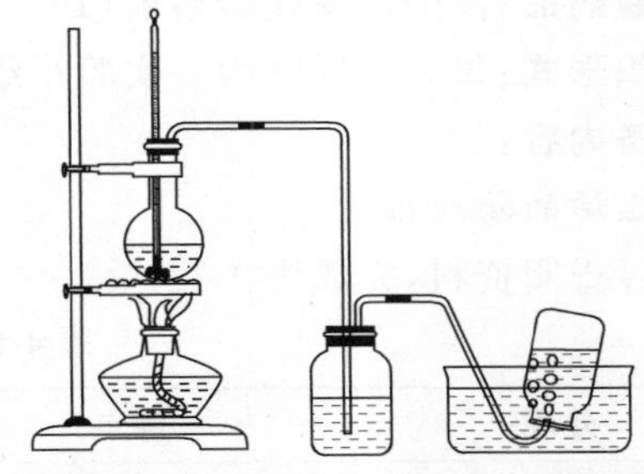

图 4-3　乙醇脱水制备乙烯的实验装置(含洗气部分)

【任务解析】乙烯的制备

关键操作：

①加入药品之前一定要先进行气密性检查；
②浓硫酸加入时，需分批缓缓加入；
③加入几粒沸石防止体系爆沸；
④为了控制混合液受热温度在 170 ℃左右，须把温度计的水银球浸入混合液中；
⑤要使混合液的温度迅速越过 140 ℃温度区，减少副产物乙醚的生成；
⑥停止加热时，要先将导管从水槽里撤出，防止因烧瓶冷却造成倒吸；
⑦收满乙烯的集气瓶，盖好毛玻璃片后需倒放在实验桌上。

实验现象：

在加热过程中，混合液的颜色会逐渐变成棕色以至棕黑色，这是乙醇发生部分碳化的结果。

【知识链接】烯烃的来源

最常用的工业合成途径是石油的裂解。在石油化工生产过程里，常用石油分馏产品作为原料，采用比裂化更高的温度，使具有长链分子的烃断裂成各种短链的气态烃和少量液态烃，以提供有机化工原料。工业上把这种方法叫作石油的裂解。因此裂解实际上就是深度裂化，以获得短链不饱和烃为主要成分的石油加工过程。

石油裂解的化学过程是相当复杂的，生成的裂解气是一种复杂的混合气体，它除了主要含有乙烯、丙烯、丁二烯等不饱和烃外，还含有甲烷、乙烷、氢气、硫化氢等。总的说来，裂解气里烯烃含量比较高。因此，常把乙烯的产量作为衡量石油化工发展水平的标志。裂解产物进行分离之后可以得到多种原料，这些原料在合成纤维工业、塑料工业、橡胶工业等方面都得到了广泛的应用。

任务三　烯烃的鉴定

【做一做】乙烯的理化性质实验

实验器材：试管、软木塞等。

实验药品：溴的四氯化碳溶液（1%）、高锰酸钾溶液（0.1%）、氢氧化钠溶液（5%）。

组织形式：每3个同学为一实验小组，根据老师给出的引导步骤，自行完成实验。

任务内容：

1. 乙烯的物理性质

通过查阅资料，完成表4-1。

表4-1　乙烯的物理性质

外观	沸点	密度	溶解度

2. 乙烯的化学性质

(1)可燃性

使用安全点火法做燃烧实验。注意与甲烷的燃烧实验对比，看看有何异同？

(2)与卤素反应

向一支装有乙烯的试管中加入0.5 mL 1%溴的四氯化碳溶液，用软木塞塞紧，振荡，观察试管中液体颜色的变化，写出反应方程式。

(3)与高锰酸钾反应

向一支装有乙烯的试管中加入0.1 mL 0.1%的高锰酸钾溶液和2 mL 5%氢氧化钠溶液，用软木塞塞紧，振荡，观察溶液颜色变化，写出反应方程式。

实验记录(表4-2)：

表4-2　实验记录表

实验	实验现象	结论
实验1		
实验2		
实验3		

【任务解析】乙烯的性质

1. 乙烯的物理性质

通常情况下，乙烯是一种无色稍有气味的气体，沸点为−103.9 ℃；其密度比空气略小，为1.256 g/L；难溶于水，易溶于四氯化碳等有机溶剂。

2. 乙烯的化学性质

(1)可燃性

乙烯在空气中燃烧：

$$CH_2{=}CH_2 + 3O_2 \xrightarrow{点燃} 2CO_2 + 2H_2O$$

(2)与卤素反应

常温下，将乙烯通入溴的四氯化碳溶液中，溴的红棕色很快消失，据此，可检验 —C═C— 的存在。

$$CH_2{=}CH_2 + Br_2 \xrightarrow{CCl_4} \underset{Br}{\underset{|}{CH_2}}{-}\underset{Br}{\underset{|}{CH_2}}$$

红棕色　　　无色(1,2-二溴乙烷)

(3)与高锰酸钾反应

乙烯在稀、冷的中性或碱性高锰酸钾溶液中，—C═C— 中的 π 键断裂，双键碳原子各引入一个羟基生成邻二醇，同时高锰酸钾溶液紫红色迅速退去，产生棕褐色的二氧化锰沉淀，现象明显，可用于检验烯烃中 —C═C— 的存在。

$$CH_2{=}CH_2 + KMnO_4 \xrightarrow[NaOH,H_2O]{稀,冷} \underset{OH}{\underset{|}{CH_2}}{-}\underset{OH}{\underset{|}{CH_2}} + MnO_2\downarrow$$

1,2-乙二醇

【知识链接】烯烃和炔烃的性质

一、烯烃

1. 物理性质

烯烃的物理性质与烷烃很相似，含 2～4 个碳原子的烯烃为气体，含 5～15 个碳原子的烯烃为液体，高级烯烃为固体。所有的烯烃都不溶于水，燃烧时，火焰明亮。一些常见烯烃的物理常数见表 4-3。

表 4-3　一些常见烯烃的名称及物理性质

化合物	结构式	沸点/℃	相对密度
乙烯	$CH_2{=}CH_2$	−103.7	
丙烯	$CH_2{=}CH{-}CH_3$	−47.7	
1-丁烯	$CH_2{=}CH{-}CH_2{-}CH_3$	−6.5	
1-戊烯	$CH_2{=}CH(CH_2)_2CH_3$	30	0.643
1-癸烯	$CH_2{=}CH(CH_2)_7CH_3$	171	0.743
顺-2-丁烯	$\overset{H}{}\quad\overset{H}{}$ C═C, H_3C 与 CH_3 同侧（H、H 在上，H_3C、CH_3 在下）	4	

续表

化合物	结构式	沸点/℃	相对密度
反-2-丁烯	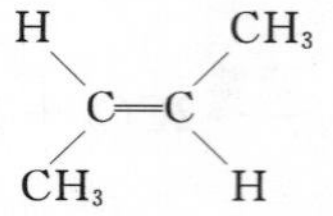 $\begin{matrix}H & & CH_3\\ & C{=}C & \\ CH_3 & & H\end{matrix}$	1	
异丁烯	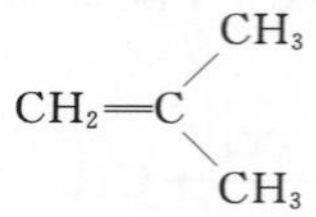 $\begin{matrix} & CH_3\\ CH_2{=}C & \\ & CH_3\end{matrix}$	−7	
顺-2-戊烯	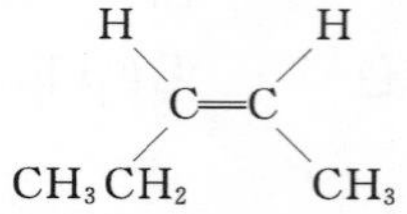 $\begin{matrix}H & & H\\ & C{=}C & \\ CH_3CH_2 & & CH_3\end{matrix}$	37	0.655
反-2-戊烯	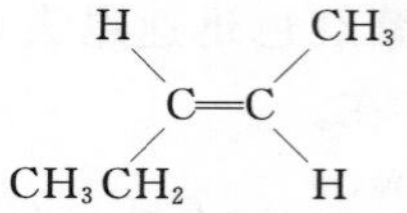 $\begin{matrix}H & & CH_3\\ & C{=}C & \\ CH_3CH_2 & & H\end{matrix}$	36	0.647
环戊烯	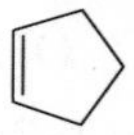	44	0.772
环己烯	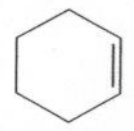	83	0.810

【练一练】写出沸点最低的丁烯同分异构体的结构简式

2.化学性质

碳碳双键是烯烃类化合物的反应中心。

(1)氧化反应

①高锰酸钾氧化。稀的碱性 $KMnO_4$ 可将烯烃氧化成邻二醇。

$$CH_2{=}CH{-}CH_3 + KMnO_4 + H_2O \xrightarrow[\text{或中性}]{\text{碱性}} \underset{\displaystyle OH}{\underset{|}{CH_2}}{-}\underset{\displaystyle OH}{\underset{|}{CH}}{-}CH_3 + MnO_2\downarrow + KOH$$

反应中 $KMnO_4$ 褪色,且有 MnO_2 沉淀生成。故此反应可用来鉴定不饱和烃。

在酸性条件下氧化,反应进行得更快,得到碳链断裂的氧化产物(低级酮或羧酸):

$$CH_3{-}CH{=}CH_2 \xrightarrow[H_2SO_4]{KMnO_4} CH_3{-}COOH + CO_2 + H_2O$$

$$CH_3{-}CH{=}CH{-}CH_3 \xrightarrow[H_2SO_4]{KMnO_4} 2CH_3{-}COOH$$

$$CH_3{-}\underset{\displaystyle CH_3}{\underset{|}{C}}{=}CH{-}CH_3 \xrightarrow[H_2SO_4]{KMnO_4} H_3C{-}\underset{\displaystyle CH_3}{\underset{|}{C}}{=}O + HOOC{-}CH_3$$

②臭氧化反应。将含有臭氧(6%～8%)的氧气通入液态烯烃或烯烃的四氯化碳溶液，臭氧迅速而定量地与烯烃作用，生成臭氧化物的反应，称为臭氧化反应。

$$CH_2{=}CH_2 \xrightarrow[(2)Zn/H_2O]{(1)O_3} 2HCH(=O)$$

$$CH_2{=}CH{-}CH_3 \xrightarrow[(2)Zn/H_2O]{(1)O_3} HCH(=O) + CH_3{-}CH(=O)$$

$$CH_3{-}C(CH_3){=}CH{-}CH_3 \xrightarrow[(2)Zn/H_2O]{(1)O_3} H_3C{-}C(CH_3){=}O + HC(=O){-}CH_3$$

③催化氧化。在有机反应中，氧化反应通常表现为加氧或脱氢。烯烃燃烧可以放出大量热量，因此可作为燃料。

在催化剂作用下，一些烯烃可以被空气轻度氧化，生成重要的化工原料。工业上，采用银或氧化银为催化剂，用空气氧化乙烯制备环氧乙烷。

$$CH_2{=}CH_2 + O_2 \xrightarrow[250\ ℃]{Ag} H_2C\overset{O}{-\!-}CH_2$$

环氧乙烷是一种环醚，是重要的有机合成中间体，用于制备乙二醇、合成洗涤剂、乳化剂及塑料等。

在氯化钯-氯化铜水溶液中，用空气或氧气氧化烯烃，乙烯生成乙醛，丙烯生成丙酮。

$$CH_2{=}CH_2 + O_2 \xrightarrow[120\ ℃]{PdCl_2\text{-}CuCl_2} H_3C{-}C(=O){-}H$$

$$CH_3{-}CH{=}CH_2 + O_2 \xrightarrow[120\ ℃]{PdCl_2\text{-}CuCl_2} H_3C{-}C(=O){-}CH_3$$

此法原理价格便宜，工艺环保，是乙醛和丙酮重要的工业制法。

(2)加成反应

两个或多个分子相互作用，生成一个加成产物的反应称为加成反应。

①催化加氢。在加温(200～300 ℃)加压及催化剂存在下，不饱和脂肪烃能与氢气发生加成反应。

$$CH_2{=}CHCH_3 + H_2 \xrightarrow[\triangle]{Ni} CH_3CH_2CH_3$$

烯烃加氢可定量进行，据此有机分析中可根据试样吸收汽油的体积，计算试样含双键的数目或混合物中不饱和烃的含量；同时，催化裂化汽油加氢可提高其安定性。加氢催化剂常用雷尼(Raney)镍，它是用氢氧化钠溶液处理镍铝(1∶1)合金，溶去铝以后得到的疏松多孔、活性很强的黑色镍粉，因此雷尼镍又称骨架镍。

②加卤素。烯烃与卤素加成，生成邻二卤代烃。常温下，将烯烃通入溴的四氯化碳溶液中，溴的红棕色很快消失。据此，可检验C═C的存在。

卤素与烯烃发生加成反应的活性顺序为：$F_2 > Cl_2 > Br_2 > I_2$。其中，与 F_2、Cl_2 反应剧烈，与 Cl_2 的加成需用无水 $FeCl_3$ 催化，并在惰性溶剂稀释下进行。例如：

$$CH_2{=}CH_2 + Cl_2 \xrightarrow[45\ ℃,0.2\ MPa]{FeCl_2} \underset{\underset{Cl}{|}}{CH_2}-\underset{\underset{Cl}{|}}{CH_2}$$

1,2-二氯乙烷

1,2-二氯乙烷和1,2-二溴乙烷性质相似，易挥发，有剧毒，难溶于水，易溶于乙醇、乙醚等有机溶剂。可用作脂肪、蜡、橡胶等的溶剂，大量用于制备氯乙烯，可用作林木的杀虫剂及谷物与水果的熏蒸剂。

共轭二烯烃有极性交替现象，因此与一分子卤素加成有两种产物。例如：

$$CH_2{=}CHCH{=}CH_2 + Br_2 \longrightarrow \begin{cases} \xrightarrow[-15\ ℃]{正己烷} CH_2{=}CH\overset{\overset{Br}{|}}{C}H-\overset{\overset{Br}{|}}{C}H_2 + \overset{\overset{Br}{|}}{C}H_2CH{=}CH\overset{\overset{Br}{|}}{C}H_2 \\ \qquad\qquad\qquad (62\%) \qquad\qquad\qquad (38\%) \\ \xrightarrow[-15\ ℃]{CHCl_3} CH_2{=}CH\underset{\underset{Br}{|}}{C}H-\underset{\underset{Br}{|}}{C}H_2 + \underset{\underset{Br}{|}}{C}H_2CH{=}CH\underset{\underset{Br}{|}}{C}H_2 \\ \qquad\qquad\qquad (37\%) \qquad\qquad\qquad (63\%) \end{cases}$$

$$CH_2{=}CHCH{=}CH_2 + Cl_2 \longrightarrow \begin{cases} \xrightarrow{\leqslant 25\ ℃} CH_2{=}CH\overset{\overset{Cl}{|}}{C}H-\overset{\overset{Cl}{|}}{C}H_2 + \overset{\overset{Cl}{|}}{C}H_2CH{=}CH\overset{\overset{Cl}{|}}{C}H_2 \\ \qquad\qquad\qquad (60\%) \qquad\qquad\qquad (40\%) \\ \xrightarrow{\leqslant 200\ ℃} CH_2{=}CH\underset{\underset{Cl}{|}}{C}H-\underset{\underset{Cl}{|}}{C}H_2 + \underset{\underset{Cl}{|}}{C}H_2CH{=}CH\underset{\underset{Cl}{|}}{C}H_2 \\ \qquad\qquad\qquad (30\%) \qquad\qquad\qquad (70\%) \end{cases}$$

通常，共轭二烯烃在低温下或非极性溶剂中，有利于1,2加成；升高温度或在极性溶剂中，1,4加成产物比例升高。

③加卤化氢。乙烯及其他对称烯烃与卤化氢加成时，只得到一种一卤化物。例如：

$$CH_2{=}CH_2 + HCl \xrightarrow[130\sim250\ ℃]{AlC_3} CH_3CH_2Cl$$

卤化氢与不饱和脂肪烃反应活性次序为：$HI > HBr > HCl$。

不对称烯烃（两双键碳原子上取代基不相同的烯烃）与卤化氢加成可得到两种加成产物。例如：

$$CH_3CH_2CH{=}CH_2 + HBr \xrightarrow{醋酸} CH_3CH_2\underset{\underset{Br}{|}}{C}H-CH_3 + CH_3CH_2CH_2Br$$

$$(80\%) \qquad\qquad\qquad (20\%)$$

实验证明：不对称烯烃与极性试剂（见表4-4）加成时，试剂中带正电荷的部分主要加到含氢较多的双键碳原子上，带负电的部分则加到含氢较少的双键碳原子上。此规律称为马尔科夫尼科夫(Markovnikov)规则，简称马氏规则。

表 4-4　常见极性试剂

极性试剂	正电荷部分	负电荷部分	极性试剂	正电荷部分	负电荷部分
卤化氢	H—X		水	H—OH	
硫酸	$H—OSO_2OH$		次卤酸	X—OH	

当有过氧化物(如 H_2O_2、R—O—O—R 等)存在时，不对称烯烃与溴化氢加成时，按反马氏规则进行。这种现象，称为过氧化物效应。例如

$$CH_3CH{=}CH_2 + HBr \xrightarrow{\text{过氧化物}} CH_3CH_2CH_2Br$$

$$CH_3CH{=}CH_2 + HBr \xrightarrow{\text{无过氧化物}} CH_3\underset{\substack{|\\Br}}{C}HCH_3$$

共轭二烯烃与卤化氢加成时，低温利于 1,2 加成；升高温度利于 1,4 加成。

$$CH_2{=}CHCH{=}CH_2 + HBr \xrightarrow{-80\ ℃} CH_2{=}CH\overset{\substack{Br\\|}}{C}H{-}CH_3\ (80\%) + \overset{\substack{Br\\|}}{C}H_2CH{=}CHCH_3\ (20\%)$$

$$CH_2{=}CHCH{=}CH_2 + HBr \xrightarrow{45\ ℃} CH_2{=}CH\underset{\substack{|\\Br}}{C}H{-}CH_3\ (20\%) + \underset{\substack{|\\Br}}{C}H_2CH{=}CHCH_3\ (80\%)$$

④加硫酸。烯烃与冷的浓硫酸反应，生成硫酸氢烷基酯，产物溶于浓 H_2SO_4 中，与水共热则水解为醇。不对称烯烃与硫酸加成时，符合马氏规则。

$$CH_3CH{=}CH_2 + HOSO_2OH \longrightarrow CH_3\underset{\substack{|\\OSO_2OH}}{C}HCH_3 \xrightarrow[\triangle]{H_2O} CH_3\underset{\substack{|\\OH}}{C}HCH_3$$

硫酸异丙酯　　异丙醇

利用烯烃溶于浓硫酸的性质，石油工业用于精制石油产品，以改善油品的安定性，同时，产物水解成醇(烯烃间接水合)。此法对烯烃纯度要求不高，是工业回收裂解气中烯烃制备乙醇、异丙醇等低级醇的方法。缺点是水解后产生的硫酸腐蚀设备，酸性废水污染环境。

⑤加水。在酸催化下，烯烃与水加成生成醇。不对称烯烃与水发生加成符合马氏规则。该反应是目前工业合成低级醇常用的方法，称为烯烃直接水合法。

$$CH_2{=}CH_2 + H_2O \xrightarrow[300\ ℃,7\ MPa]{H_3PO_4/\text{硅藻土}} CH_3CH_2OH$$

$$CH_3CH{=}CH_2 + H_2O \xrightarrow[300\ ℃,4\ MPa]{H_3PO_4/\text{硅藻土}} CH_3\underset{\substack{|\\OH}}{C}HCH_3$$

该反应对烯烃纯度要求高，需达 97%以上。

⑥加次卤酸。烯烃与次卤酸(常用次氯酸、次溴酸)加成，生成卤化醇。不对称烯烃加成符合马氏规则。

$$CH_2{=}CH_2 + Cl{-}OH \xrightarrow{70\ ℃} \underset{\displaystyle Cl}{CH_2}{-}\underset{\displaystyle OH}{CH_2}$$

2-氯乙醇

实际中,常用卤素和水代替次卤酸。

$$CH_3CH{=}CH_2 \xrightarrow[H_2O]{Cl_2} CH_3\underset{\displaystyle OH}{CH}CH_2Cl$$

1-氯-2-丙醇

2-氯乙醇和1-氯-2-丙醇是制备环氧乙烷和甘油等的重要原料。

【拓展知识】双烯合成反应

共轭二烯烃与烯(炔)能进行1,4-加成反应生成六元环状化合物,该反应称为双烯合成反应,又称狄尔斯-阿德尔(Diels-Alder)反应。

$$CH_2{=}CH{-}CH{=}CH_2 + CH_2{=}CH_2 \xrightarrow[17\ h]{160\ ℃,90\ MPa} \text{环己烯}$$

(产物:CH_2、$CH{=}CH$、CH_2、CH_2、CH_2 组成的六元环,简写为环己烯环)

环己烯(78%)

共轭二烯烃称为双烯体,烯(炔)烃为亲双烯体。当亲双烯体中含有吸电子基(—COOH、—CHO、—CN等)时,利于反应进行。双烯合成反应是合成六元环状化合物的一种方法。共轭二烯烃与顺丁烯酸酐反应可以定量生成白色固体,加热到较高温度时可分解为原来的二烯烃,因此常用于共轭二烯烃的鉴定与分离。

(3)聚合反应

不饱和烃在引发剂或催化剂的作用下,π 键断裂,相互结合成大分子或高分子化合物的反应,称为聚合反应。例如,工业上用齐格勒-纳塔催化剂[$TiCl_4$-$Al(CH_2CH_3)_3$],在常压或1 M~1.5 MPa下可将乙烯制成低压聚乙烯。

$$nCH_2{=}CH_2 \xrightarrow[60\sim75\ ℃]{TiCl_4\text{-}Al(CH_2CH_3)_3} {\left[CH_2{-}CH_2\right]}_n$$

参加反应的乙烯称为单体,n 称为聚合度或链节数。

$$nCH_3CH{=}CH_2 \xrightarrow[60\sim75\ ℃]{TiCl_4\text{-}Al(CH_2CH_3)_3} {\left[\underset{\displaystyle CH_3}{CH}{-}CH_2\right]}_n$$

聚丙烯是强度高、硬度大,耐磨、耐热性比聚乙烯好的塑料。

工业上,在齐格勒-纳塔催化剂的作用下,使1,3-丁二烯按1,4加成方式合成顺-1,4-聚丁二烯,简称顺丁橡胶。

$$n\,CH_2{=}CH{-}CH{=}CH_2 \xrightarrow{TiCl_4\text{-}Al(CH_2CH_3)_3} {\left[CH_2{-}\underset{H}{C}{=}\underset{H}{C}{-}CH_2\right]}_n\ (\text{顺式})$$

顺丁橡胶具有耐磨、耐高温、耐老化、弹性好的特点，其性能与天然橡胶相近。主要用于制造轮胎、胶管等橡胶制品。

2-甲基-1,3-丁二烯(异戊二烯)也可以发生以1,4加成为主的聚合反应，聚合成顺-1,4-聚异戊二烯橡胶。

$$n\,\begin{matrix} H_2C & & CH_2 \\ & \diagdown\!\!\!\!= C - C =\!\!\!\!\diagup & \\ H_3C & & H \end{matrix} \xrightarrow{TiCl_4-Al(CH_2CH_3)_3} \left[\begin{matrix} H_2C & & CH_2 \\ & C = C & \\ H_3C & & H \end{matrix}\right]_n$$

顺-1,4聚异戊二烯橡胶的结构与天然橡胶相似，故又称为合成天然橡胶。

二、炔烃

1. 物理性质

炔烃的物理性质与烯烃相似，其物理常数也随相对分子质量的增加而呈规律性的变化。通常炔烃的沸点比碳原子数相同的烯烃高，相对密度也比相应的烯烃大。炔烃难溶于水，易溶于乙醚、苯、丙酮、四氯化碳和石油醚等有机溶剂。表4-5列出了几种炔烃的物理常数。

表4-5　几种炔烃的物理常数

名称	结构简式	沸点/℃	熔点/℃	相对密度
乙炔	$CH\equiv CH$	−75.0	−82.0	0.618
丙炔	$H_3C-C\equiv CH$	−23.3	−101.5	0.671
1-丁炔	$CH\equiv CCH_2CH_3$	8.5	−122.5	0.668
1-戊炔	$CH\equiv CCH_2CH_2CH_3$	39.7	−98.0	0.695

2. 化学性质

(1)加成反应

①催化氢化。炔烃的催化氢化反应分两步进行：第一步与一分子 H_2 加成，生成烯烃；第二步再与一分子 H_2 加成生成烷烃。例如：

$$CH\equiv CCH_3 + H_2 \xrightarrow{Pt} CH_2=CHCH_3 \xrightarrow[H_2]{Pt} CH_3-CH_2-CH_3$$

②与卤素的加成。炔烃与氯或溴能发生亲电加成反应。此反应也是分两步进行，首先加一分子 Cl_2 或 Br_2，生成二卤代烯，然后再加一分子 Cl_2 或 Br_2，生成四卤代烷。第一步的加成较难，需要在光照或氯化铁、溴化铁等催化剂作用下进行。例如：

$$CH\equiv CH \xrightarrow[FeBr_2]{Br_2} \underset{\displaystyle Br\quad\; Br}{HC=CH} \xrightarrow{Br_2} \overset{\displaystyle Br\quad\; Br}{\underset{\displaystyle Br\quad\; Br}{HC-CH}}$$

炔烃与溴加成，也能使溴的红棕色褪去，利用此反应可鉴别不饱和烃。

由于碳碳三键的活泼性不如碳碳双键，所以炔烃的加成反应比烯烃的加成反应慢。如烯烃可使溴的四氯化碳溶液很快褪色，而炔烃却需要1～2 min才能使之褪色。而且当分子中既含有碳碳双键又含有碳碳三键时，卤素首先加成到碳碳双键上。例如：

$$CH_2{=}CH{-}C{\equiv}CH + Br_2 \longrightarrow \underset{\displaystyle Br}{\underset{|}{CH_2}}{-}\underset{\displaystyle Br}{\underset{|}{CH}}{-}C{\equiv}CH$$

③与卤化氢的加成。炔烃能与卤化氢发生加成反应，遵循马氏规则。反应分两步进行，可通过反应物的量只进行第一步反应。例如：

$$CH{\equiv}CH + HBr \longrightarrow CH_2{=}CHBr \xrightarrow{HBr} CH_3{-}CHBr_2$$

同样，在过氧化物存在下，也可生成遵循反马氏规则的产物。

(2)氧化反应

炔烃与烯烃相似，可被高锰酸钾等氧化剂氧化，主要生成羧酸、端基炔同时会生成二氧化碳。高锰酸钾被还原，紫红色褪去。例如，乙炔被高锰酸钾氧化时，生成二氧化碳，同时还有褐色的二氧化锰生成。

$$CH{\equiv}CH \xrightarrow[H_2O]{KMnO_4} KOH + CO_2\uparrow + MnO_2\downarrow$$

(3)聚合反应

乙炔也可以发生聚合反应。与烯烃不同的是，乙炔在不同催化剂作用下，可有选择性地发生二聚或三聚反应，聚合成链状或环状化合物，而不是聚合成高分子化合物。例如：

$$2CH{\equiv}CH \xrightarrow[NH_4Cl]{Cu_2Cl_2} CH_2{=}CH{-}C{\equiv}CH$$

$$CH{\equiv}CH \xrightarrow[\text{催化剂}]{\text{高温}} \text{(苯)}$$

阅读材料：聚乙烯的发展历史

乙烯是一种无色、稍有气味的气体。在果实成熟的过程中，植物会释放微量的乙烯，作为果实的催熟剂；天然气在燃烧过程中，也会产生微量的乙烯。但是在发现聚乙烯之前，人们对于乙烯的研究局限在一个非常有限的范围内，只是测定一些理化性质，发表几份技术报告，仅此而已。

20 世纪 30 年代，全球经济大萧条，化工公司急需新的“拳头产品”，以走出困境。在那一时期，科学研究工作普遍缺乏相应的理论指导，虽然科技新发现如雨后春笋一般，层出不穷，但很多发现都是“撞”上的。所以很多公司的实验室里，都是四处撒网，希望捕到“大鱼”，英国的帝国化学公司也不例外。帝国化学的两个化学家 E. W. Fawcett 和 R. O. Gibson 一口气搭起了好几十个实验，把有希望的基本有机化合物放在一起，设定各种反应条件，尤其是高温高压，希望能够“撞上”一个重大发现。其中有一个容器内，装的是乙烯气体和苯甲醛，压力是 1700 个大气压，温度是 170 ℃。检查反应结果的时候发现，预期的反应并没有发生，但是容器底部有一些白色的蜡状粉末。测试表明，这是乙烯的聚合物，和苯甲醛没有关系，聚乙烯就这样被意外地发现了。

第二次乙烯聚合是在 1935 年，尽管在高温高压下发生了泄漏，实验还是制得了少量的聚乙烯。在这一期间，科学家发现聚乙烯具有极好的化学稳定性，防水、无异味、耐酸、耐碱，尤其出色的是绝缘性。这时，第二次世界大战的阴云已经笼罩在欧洲头上。聚乙烯出色的绝缘性能被寄予厚望，尤其是用于潜艇通信设备或雷达的电缆绝缘，因此聚乙烯的性质和生产也成了机密。帝国化学公司根据实验室里合成的 8 g 聚乙烯，毅然决定建立一个年产

100 t的聚乙烯厂，而产量是根据潜艇部队的需要设定的。由于阴差阳错的原因，潜艇最终没有用上聚乙烯，但绝缘性能出色的聚乙烯被用在反潜飞机的机载雷达上，在大西洋之战中，为猎获德国潜艇立下了汗马功劳。

第二次世界大战后，聚乙烯工业发展极为迅速。1953 年德国化学家 K·齐格勒发现如果以 $TiCl_4$-$Al(C_2H_5)_3$ 为催化剂，乙烯在较低压力下也可以聚合。此法由联邦德国赫斯特公司于 1955 年投入工业化生产，通称为低压法聚乙烯。20 世纪 50 年代初期，美国菲利浦石油公司发现以氧化铬-硅铝胶为催化剂，乙烯在中压下可聚合生成高密度聚乙烯，并于 1957 年实现工业化生产。60 年代，加拿大杜邦公司开始以乙烯和 α-烯烃用溶液法制成低密度聚乙烯。1977 年，美国联合碳化物公司和陶氏化学公司先后采用低压法制成低密度聚乙烯，称作线型低密度聚乙烯。

聚乙烯产品发展至今已有 80 多年历史，全球聚乙烯产量居五大泛用树脂之首。根据聚合方法、分子量高低与链结构的不同，可将聚乙烯产品分为低密度聚乙烯、高密度聚乙烯和线性低密度聚乙烯：①低密度聚乙烯俗称高压聚乙烯，因密度较低，材质最软，主要用在塑胶袋、农业用膜等；②高密度聚乙烯俗称低压聚乙烯，有较高的耐温、耐油、耐蒸汽渗透及抗环境应力开裂性，此外电绝缘性和抗冲击性也很好，主要应用于吹塑、注塑等领域；③线型低密度聚乙烯则是乙烯与少量高级 α-烯烃在催化剂存在下形成的聚合物，线型低密度聚乙烯性能与低密度聚乙烯相似，而又兼有高密度聚乙烯的若干特性，加之生产中能量消耗低，因此发展极为迅速，成为最令人注目的合成树脂之一。

课后习题

一、命名下列化合物或写出其结构简式

1. $(CH_3)_2CHCH_2CH{=}C(CH_3)_2$

2. $(CH_3CH_2)_2C{=}CH_2$

3. $CH_3-\underset{\underset{C_2H_5}{|}}{C}{=}CHCH_2CH_2CH_3$

4. $CH_3-\underset{\underset{CH_3}{|}}{C}{=}CH-CH{=}CH_2$

5. $CH_3-\underset{\underset{CH_3}{|}}{C}{=}CH-\overset{\overset{CH_3}{|}}{\underset{\underset{CH_3}{|}}{C}}-CH_3$

6. $CH_3C{\equiv}CC\underset{\underset{CH_3}{|}}{H}CH_3$

7. 2，4-二甲基-2-戊烯

8. 3，3，4-三甲基-1-庚烯

9. 2-乙基-1-戊烯

10. 2-甲基-1，3-己二烯

11. 4-甲基-2-戊炔

12. 3-甲基-1-丁炔

二、完成下列反应式

1. $H_2C{=}CH_2+KMnO_4+H_2O\xrightarrow[\text{或中性}]{\text{碱性}}$

2. $CH_3CH_2CH{=}\underset{\underset{CH_3}{|}}{C}-CH_3\xrightarrow[H^+]{KMnO_4}$

3. $H_3C—\underset{CH_3}{\underset{|}{C}}=\underset{CH_3}{\underset{|}{C}}—CH_3 \xrightarrow[H^+]{KMnO_4}$

4. $H_3C—\underset{CH_3}{\underset{|}{C}}=CH—CH_2—CH_3 \xrightarrow[(2)Zn/H_2O]{(1)O_3}$

5. $CH_2=CH_2 \xrightarrow[(2)Zn/H_2O]{(1)O_3}$

6. $CH_2=CH_2 + H_2 \xrightarrow[\triangle]{Ni}$

7. $CH_3CH=CH_2 + HCl \xrightarrow{过氧化物}$

8. $CH_3CH=CH_2 + HCl \xrightarrow{无过氧化物}$

三、用化学方法鉴别丙烷和丙烯

项目五　苯的蒸馏及沸点的测定

知识目标

理解沸点的测定原理和方法；
掌握简单芳香烃的命名和性质；
了解芳香烃的来源、用途。

技能目标

能够安装并使用蒸馏装置，正确测定物质的沸点和进行产品的蒸馏操作；
能够正确测定苯的沸点。

素质目标

培养小组成员间的团队协作能力；
培养学生的动手能力和实验室安全意识；
培养学生实事求是、严谨的科学态度。

任务一　初识芳香烃

【子任务】认识苯的结构

通过查阅资料，学习和掌握苯的结构。

阅读材料：食品中的苯并芘

苯并芘是多环芳烃，多存在于熏烤、高温油炸食品中。熏烤食品中的苯并芘来源：①所用的燃料——木炭的烟雾中含有少量的苯并芘，在高温下有可能侵入食品中；②烤制时，滴于火上的食物脂肪焦化产物发生热聚合反应，形成苯并芘，附着于食物表面，这是烤制食物中苯并芘的主要来源；③由于熏烤的鱼、肉自身的化学成分——糖和脂肪不完全燃烧也会产生苯并芘和其他多环芳烃；④食物炭化时，脂肪因高温裂解，产生自由基，并相互结合生成苯并芘。另外，高温植物油多次使用、油炸过火、食品爆炒都会产生苯并芘。研究发现，食用油加热到 270 ℃时，产生的油烟中含有苯并芘等化合物；300 ℃以上的加热，即便是短时间，也会产生大量的致癌物质苯并芘。在日常炒菜的温度下，加热时间越长，油脂中产生的苯并芘就越多。

【任务解析】苯的结构

苯（Benzene，C_6H_6）在常温下为一种无色、有甜味的透明液体，并具有强烈的芳香气味。

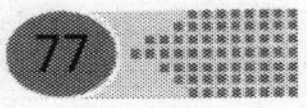

苯可燃，剧毒，也是一种致癌物质。苯是一种碳氢化合物，也是最简单的芳烃（见图 5-1）。它难溶于水，易溶于有机溶剂，本身也可作为有机溶剂。苯是一种石油化工基本原料，苯的产量和生产的技术水平是一个国家石油化工发展水平的标志之一。苯具有的环系叫苯环，是最简单的芳环。苯分子去掉一个氢以后的结构叫苯基，用 Ph—表示。

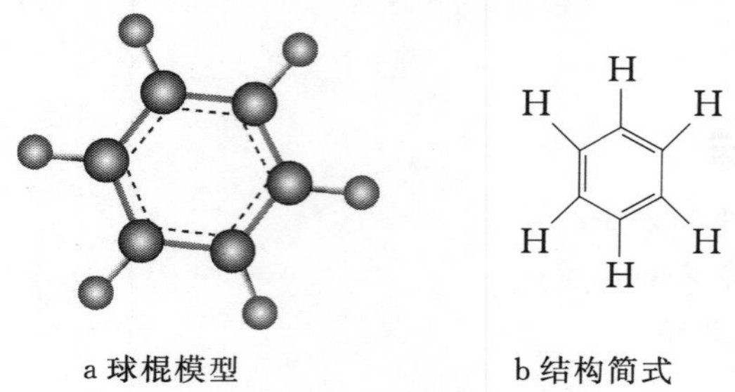

a 球棍模型　　　　b 结构简式

图 5-1　苯的结构

【知识链接】芳香烃的分类与命名

一、分类

芳香烃，通常指分子中含有苯环结构的碳氢化合物，是闭链类的一种。历史上早期发现的这类化合物多有芳香味道，所以称这些烃类物质为芳香烃，后来发现的不具有芳香味道的烃类也都统一沿用这种叫法。这类物质的碳氢比值较高，不饱和程度大，但与烯烃、炔烃性质相比有很大差异，它们不易发生加成和氧化反应，而容易发生取代反应。

芳香烃按分子中所含苯环的数目和结构分为三大类：单环芳烃、多环芳烃、稠环芳烃。

单环芳烃是分子中只含一个苯环的芳烃。例如：

CH_3　　CH_2CH_3

苯 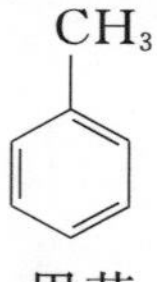　　甲苯 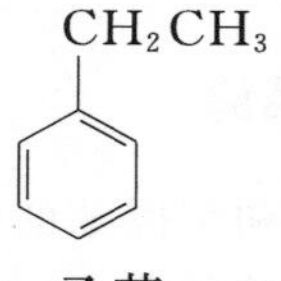　　乙苯

多环芳烃是分子中含有两个或两个以上独立的苯环的芳烃。例如：

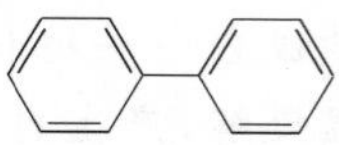

CH

联苯 　　三苯甲烷

稠环芳烃是分子中含有两个或两个以上苯环彼此通过共用相邻的两个碳原子稠合而成的芳烃。例如：

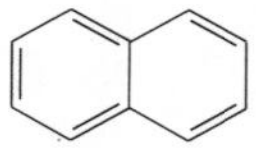

萘 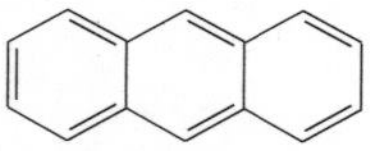　　蒽

单环芳烃多数是无色液体，具有特殊香味，比水轻，不易溶于水，易溶于乙醚、四氯化碳、

乙醇等有机溶剂。甲苯、二甲苯等对某些涂料有较好的溶解性，可用作涂料工业的稀释剂。但单环芳香烃蒸气有毒，其中苯的毒性较大，长期吸入，能损坏造血器官及神经系统。一些常见单环芳烃的物理性质见表 5-1。

表 5-1　常见单环芳烃的物理性质

名称	熔点/℃	沸点/℃	相对密度
苯	5.5	80.0	0.879
甲苯	−95.0	110.6	0.867
邻二甲苯	−25.2	144.4	0.880
间二甲苯	−47.9	139.1	0.864
对二甲苯	13.3	138.4	0.861
连三甲苯	−25.5	176.1	0.894
偏三甲苯	−43.9	169.2	0.876
均三甲苯	−44.7	164.6	0.865
乙苯	−95	136.1	0.867
正丙苯	−99.6	159.3	0.862
异丙苯	−96	152.4	0.862

二、通式

苯是最简单的单环芳烃，其同系物可以看作是苯环上的氢原子被烷基取代的衍生物，称为烷基苯。根据苯环上氢原子被取代的数目，有一烷基苯、二烷基苯、三烷基苯等。烷基苯的通式是 C_nH_{2n-6}($n\geqslant 6$)。当 $n=6$ 时，分子式为 C_6H_6，表示苯分子。

三、单环的同分异构

单环芳烃的异构主要是构造异构，主要是侧链构造异构和侧链在苯环上的异构。

1. 侧链构造异构

苯环上的氢原子被烃基取代后生成的化合物叫烃基苯，连在苯环上的烃基又叫侧链。侧链为甲基、乙基时，不能产生构造异构，但当侧链有 3 个或 3 个以上碳原子时，则可能因碳链排列方式不同而产生构造异构体。例如：

$C_6H_5-CH_2CH_2CH_3$　　　$C_6H_5-CH(CH_3)_2$

正丙苯　　　异丙苯

2. 侧链在苯环上的位置异构

当苯环上连有两个或两个以上取代基时，可因侧链在环上的相对位置不同而产生异构体。例如：

CH_3 CH_3 H_3C CH_3 H_3C CH_3

邻二甲苯　　间二甲苯　　对二甲苯

四、单环芳烃的命名

①苯环上连有简单烷基的芳香烃命名时，以苯环做母体，侧链作为取代基称“某(烷基)苯”，10 个碳原子以下的烷基“基”字可省略。

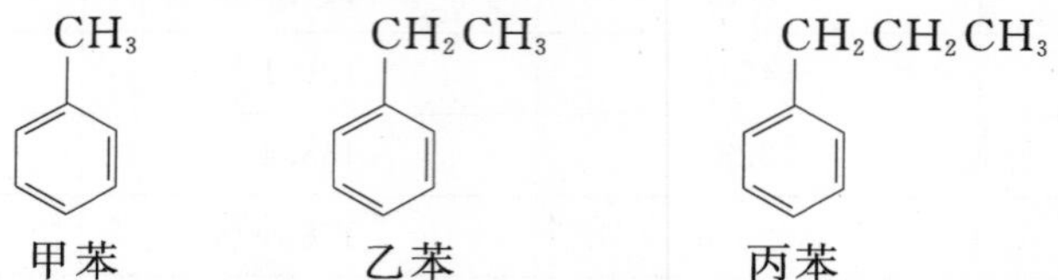

甲苯　　乙苯　　丙苯

②苯环上有两个或两个以上相同的取代基时，应将苯环碳原子编号，以确定取代基的位置。

a. 编号时使支链的位置序数之和最小。或用“邻、间、对、连、偏、均”等表示取代基的相对位置。

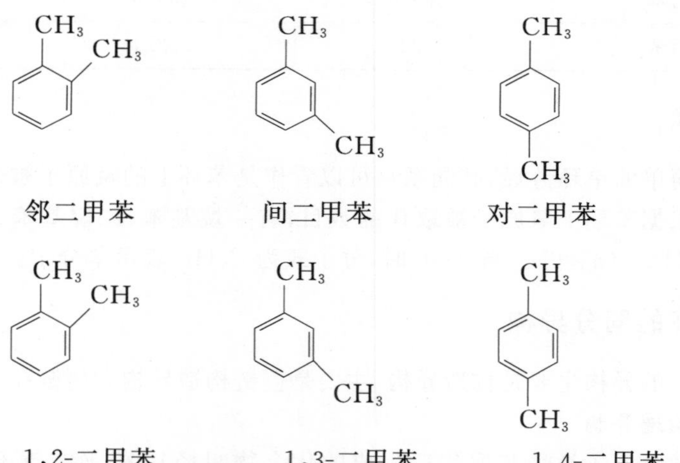

邻二甲苯　　间二甲苯　　对二甲苯

1,2-二甲苯　　1,3-二甲苯　　1,4-二甲苯

b. 当侧链结构较复杂或有不饱和键，则可把侧链当作母体，苯环当作取代基。例如：

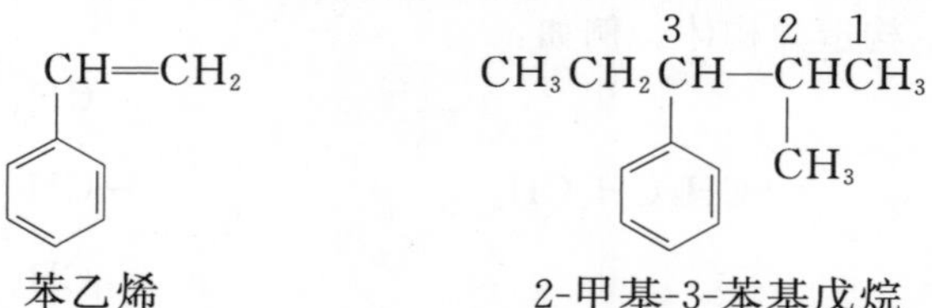

苯乙烯　　2-甲基-3-苯基戊烷

【练一练】请给下列物质命名

$H_3C—CH—CH_3$（CH 上连苯环）

CH_3—苯环—CH_2CH_3（对位）

$H_3C—CH—CH—CH_3$（第一个 CH 上连苯环，第二个 CH 上连 CH_3）

任务二　单环芳烃的鉴定

【做一做】芳烃的理化性质实验

实验器材：试管、圆底烧瓶、橡皮塞、水浴锅、60 W 以上日光灯、烧杯。

实验药品：苯、甲苯、二甲苯、环已烯、氯气、萘、1%溴的四氯化碳溶液、0.5%的高锰酸钾溶液、10%的硫酸、浓硝酸、饱和食盐水。

组织形式：分组完成下列实验，根据实验步骤完成实验，并记录实验现象。

实验内容：

1. 高锰酸钾溶液的氧化实验

在 3 支试管中分别加入苯、甲苯、环已烯各 0.5 mL，再分别加入 0.5%的高锰酸钾溶液 0.2 mL 和 10%的硫酸溶液 0.5 mL，振荡(必要时用 60～70 ℃的水浴加热几分钟)，观察比较 3 支试管的现象，写出反应的化学方程式。

2. 与氯气加成的反应实验

取一个干燥的 250 mL 圆底烧瓶，在通风橱内收集氯气后用黑布包好，加入 0.5 mL 干燥的苯，用塞子塞住，充分摇荡，移至日光下或日光灯下，解开黑布，用光照射，观察反应现象。再用黑布重新包好烧瓶，放置一段时间后解开黑布立即观察，有何现象？然后再放于日光下照射，又有何现象？写出反应的化学方程式。

3. 芳烃取代反应实验

(1)溴代

在 3 支小试管中分别加入体积大约相等的苯、甲苯、二甲苯，使液柱高度为 3～4 cm，把每支试管套上约 1.5 cm 高的橡皮管或黑色纸筒。在每支试管中各加入 3～4 滴溴的四氯化碳溶液，振荡，把试管放在离灯源(60 W 以上)2～3 cm 处，用灯光照射，尽量使每支试管的照射强度相当。观察实验现象并解释之，并写出反应的化学方程式。

(2)磺化

在 3 支试管中分别加入苯、甲苯、二甲苯各 1.5 mL，各加入 2 mL 浓硫酸，将试管放在水浴中加热到 80 ℃，随时强烈振荡，观察实验现象并解释之。把各反应后的混合物分成两份，一份倒入盛有 10 mL 水的小烧杯，另一份倒入盛有 10 mL 饱和食盐水的小烧杯，观察实验现象，并写出反应的化学方程式。

注意事项：

①注意强酸的腐蚀性。

②注意苯、氯气的毒性。

【任务解析】苯的性质

1. 高锰酸钾溶液的氧化实验

(1)苯与高锰酸钾不反应，甲苯能够被高锰酸钾氧化成苯甲酸，高锰酸钾褪色。

$$C_6H_5CH_3 \xrightarrow[H^+]{KMnO_4} C_6H_5COOH$$

(2)环己烯被高锰酸钾氧化成己二酸，高锰酸钾褪色。

$$C_6H_{10}\text{(环己烯)} \xrightarrow[H^+]{KMnO_4} HOOC—CH_2—CH_2—CH_2—CH_2—COOH$$

2. 与氯气加成的反应实验

$$C_6H_6 + 3Cl_2 \xrightarrow[50\ ℃]{h\nu} C_6H_6Cl_6$$

3. 芳烃取代反应实验

(1)溴代

溴与甲苯和二甲苯在光照条件下可以发生 α-氢取代反应；

$$C_6H_5CH_3 + Br_2 \xrightarrow{光照} C_6H_5CH_2Br + HBr$$

(2)磺化

苯、甲苯、二甲苯与浓硫酸加热到 80 ℃，可以在苯环上引入磺酸基；

$$C_6H_5CH_3 + H_2SO_4 \xrightarrow{80\ ℃} o\text{-}CH_3C_6H_4SO_3H + p\text{-}CH_3C_6H_4SO_3H$$

磺化是可逆的，生成的苯磺酸水解又生成原反应物。

【知识链接】单环芳烃的化学性质

1. 芳烃苯环上的反应

(1)亲电取代反应

①卤化：在三卤化铁等催化剂作用下，苯与卤素作用生成卤(代)苯，此反应称为卤化反应。

$$+Cl_2 \xrightarrow{FeCl_3} \quad Cl \quad +HCl$$

$$+Br_2 \xrightarrow{FeBr_3} \quad Br \quad +HBr$$

$$CH_3 \quad +Cl_2 \xrightarrow{FeCl_3} \quad CH_3,\ Cl \quad + \quad CH_3,\ Cl \quad +HCl$$

烷基苯与卤素作用，也发生环上取代反应，反应比苯容易，主要得到邻、对位取代物。

②硝化：苯和浓硝酸与浓硫酸的混合物（通常为混酸）反应，则环上的一个氢原子被硝基（$—NO_2$）取代，生成硝基苯，这类反应称为硝化反应。

$$+HNO_3 \xrightarrow[50\sim60\ ℃]{H_2SO_4} \quad NO_2 \quad +H_2O$$

当苯环上已存在甲基时，硝化反应难度变小，反应位置在邻、对位。

$$CH_3 \quad +HNO_3 \xrightarrow[30\ ℃]{H_2SO_4} \quad CH_3,\ NO_2 \quad + \quad CH_3,\ NO_2 \quad +H_2O$$

当苯环上已存在硝基时，硝化反应难度加大，反应位置在间位。

$$NO_2 \quad +HNO_3 \xrightarrow[95\ ℃]{H_2SO_4} \quad NO_2,\ NO_2 \quad +H_2O$$

③磺化：苯与浓硫酸或发烟硫酸作用，环上的一个氢原子被磺（酸）基（$—SO_3H$）取代，生成苯磺酸。若在较高温度下继续反应，则主要生成间苯二磺酸。这类反应称为磺化反应。

$$\xrightarrow[H_2SO_4\text{-}SO_3]{浓硫酸\ 25\ ℃} \quad SO_3H \quad \xrightarrow[200\sim230\ ℃]{H_2SO_4\text{-}SO_3} \quad SO_3H,\ SO_3H$$

$$CH_3 \quad +H_2SO_4 \xrightarrow{25\ ℃} \quad CH_3,\ SO_3H \quad + \quad CH_3,\ SO_3H$$

【拓展知识】Friedel-Crafts 反应

在无水氯化铝等催化剂的作用下,芳烃与卤代烷和酸酐等作用,环上的氢原子被烷基和酰基取代的反应,分别称为烷基化和酰基化反应,统称 Friedel-Crafts 反应.

$$C_6H_6 + CH_3CH_2Br \xrightarrow{无水\ AlCl_3} C_6H_5CH_2CH_3$$

$$C_6H_6 + (CH_3CO)_2O \xrightarrow{无水\ AlCl_3} C_6H_5-\underset{\underset{O}{\|}}{C}-CH_3 + CH_3COOH$$

常用的催化剂有无水氯化铝、氯化铁、氯化锌、氟化硼和硫酸等,其中以无水氯化铝的活性最高。

常用的烷基化试剂有卤代烷、烯烃和醇,其反应的活性顺序为 RF > RCl > RBr > RI;当卤原子相同时,反应的活性顺序为叔卤代烷>仲卤代烷>伯卤代烷。

常用的烷基化试剂有酰卤、酸酐和酸等,其酰化能力的强弱次序是:酰卤>酸酐>酸

环上连有强吸电子基,如硝基 ($—NO_2$),磺基($—SO_3H$)、酰基(—RCO)和氰基(—CN)等,一般不发生反应。

当所用烷基化试剂具有 3 个碳以上的直碳链时,会得到由于重排而生成的异构化产物。

$$C_6H_6 + CH_3CH_2CH_2I \xrightarrow{无水\ AlCl_3} \underset{70\%}{C_6H_5CH(CH_3)_2} + \underset{30\%}{C_6H_5CH_2CH_2CH_3}$$

(2)加成反应

由于苯环的特殊稳定性,加成反应比较困难,必须在催化剂、高温、高压或光的作用下才能进行。

①加氢:

$$C_6H_6 + 3H_2 \xrightarrow[加热、加压]{Pt,175\ ℃} C_6H_{12}$$

该反应为工业上生产环已烷的方法。

②加氯:在紫外线照射下,苯与氯加成生成六氯化苯(六氯环已烷,$C_6H_6Cl_6$),俗称六六六,是一种农药。

$$C_6H_6 + 3Cl_2 \xrightarrow{h\nu} C_6H_6Cl_6$$

(3)氧化反应

苯在高温和催化剂作用下,氧化生成顺丁烯二酸酐。

$$C_6H_6 + O_2 \xrightarrow[400\sim500\ ℃]{V_2O_5} \text{(HC—C(=O))}_2O$$

2.芳香环侧链(烃基)上的反应

(1)卤化反应

烷基苯的 α-H 受苯环的影响比较活泼,在高温、光的作用下,会发生 α-H 被卤原子取代。

$$C_6H_5CH_3 + Cl_2 \xrightarrow{h\nu} C_6H_5CH_2Cl$$

(2)氧化反应

烷基苯比苯容易被氧化,但通常是烷基被氧化,苯环则比较稳定。

$$CH_3C_6H_4CH_3 \xrightarrow{\text{高锰酸钾}} HOOCC_6H_4COOH \qquad C_6H_5CH_2CH_3 \xrightarrow{\text{高锰酸钾}} C_6H_5COOH$$

$$C_6H_5CH(CH_3)_2 \xrightarrow{\text{高锰酸钾}} C_6H_5COOH \qquad C_6H_5C(CH_3)_3 \xrightarrow{\text{高锰酸钾}} \text{不反应}$$

烷基被氧化成羧酸,只要苯环侧链上有 α-H,不论烷基的碳链长短,一般都氧化成苯甲酸。

烷基苯的烷基可进行脱氢。例如,乙苯经催化脱氢生成苯乙烯。

$$C_6H_5—CH_2CH_3 \xrightarrow[\text{高温}]{Fe_2O_3} C_6H_5—CH═CH_2 + H_2$$

苯乙烯是合成丁苯橡胶和聚苯乙烯等高分子化合物的重要单体。

(3)聚合反应

当苯环的侧链含有碳碳不饱和键时,可发生聚合反应和共聚反应。例如,苯乙烯聚合生成聚苯乙烯,聚苯乙烯透光性好,有良好绝缘性和化学稳定性。

$$n\ C_6H_5CH═CH_2 \xrightarrow{\text{过氧化苯甲酰}} \text{⁅}CH(C_6H_5)—CH_2\text{⁆}_n$$

任务三 纯苯蒸馏和沸点的测定

【做一做】苯的蒸馏及沸点的测定

实验器材: 铁架台(1个)、酒精灯、温度计、蒸馏烧瓶、冷凝管、尾接管、直形冷凝管、接液管、锥形瓶、长颈漏斗。

实验药品: 苯、沸石。

组织形式: 分组完成下列实验,并记录实验现象。

实验内容:

1. 安装蒸馏装置

先以热源高度为基准,用铁夹将圆底烧瓶固定在铁架台上,再按由下到上、从左至右的顺序,依次安装蒸馏头、温度计、冷凝管、接液管和接受器(锥形瓶),检查装置的稳妥性后,便可按下列步骤进行操作。蒸馏装置见图5-2。

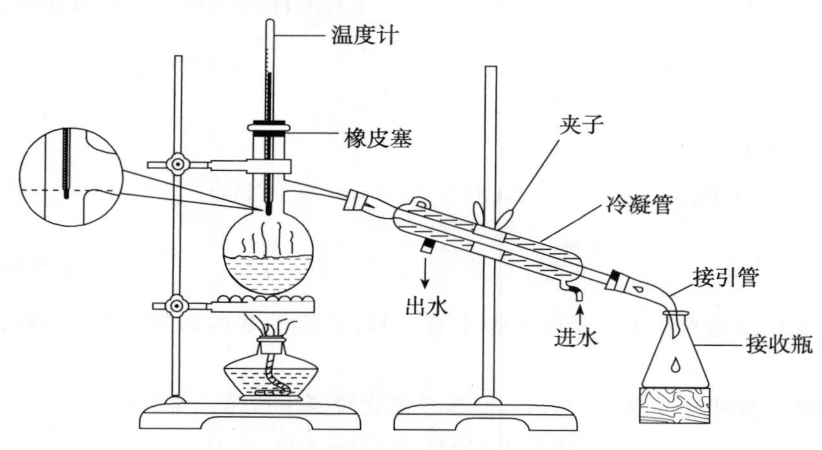

图5-2 普通蒸馏装置图

2. 加入苯

将待蒸纯苯25 mL通过长颈漏斗小心地倾入50 mL蒸馏烧瓶中,加几粒沸石,安装好温度计,注意温度计的位置,再一次检查装置是否稳妥与严密。

3. 通冷却水

按由下进水至上出水的顺序把冷却水接通。

4. 加热蒸馏

开始加热,当蒸馏烧瓶内液体开始沸腾,其蒸气环到温度计的测温球部时,温度计的读数会急剧上升,调节热源,让水银球上液滴和蒸气温度达到平衡,使蒸馏速度以(1～2)滴/s为宜。此时温度计读数就是馏出液的沸点。

5. 观测沸点

记录第一滴馏出液滴入接受器(锥形瓶)时的温度即为该液体的沸点。

蒸馏时若热源温度太高,使蒸气成为过热蒸气,造成温度计所显示的沸点偏高;若热

源温度太低，馏出物蒸气不能充分浸润温度计水银球，造成温度计读得的沸点偏低或不规则。

6. 停止蒸馏

维持原来的加热温度，当不再有馏出液蒸出时，温度会突然下降，这时应停止蒸馏。蒸馏结束时，应先停止加热，稍冷后再停止冷却水，然后再按照安装的相反顺序拆除蒸馏装置。

【任务解析】苯的蒸馏及沸点的测定

①蒸馏瓶的选用与被蒸液体量的多少有关，通常装入液体的体积应为蒸馏瓶溶剂的1/3～2/3。液体量过多或过少都不宜，在蒸馏低沸点液体时，选用长颈蒸馏瓶；而蒸馏高沸点液体时，选用短颈蒸馏瓶。

②温度计应根据被蒸馏液体的沸点来选，低于 100 ℃，可选用 100 ℃温度计；高于 100 ℃，应选用 250～300 ℃水银温度计。

③蒸馏易挥发和易燃的物质，不能用明火，否则会引起火灾，应用热浴。

④蒸馏时应用直形冷凝管。冷凝管可分为水冷凝和空气冷凝管两类，水冷凝管用于被蒸液体沸点低于 140 ℃；空气冷凝管用于被蒸液体沸点高于 140 ℃。冷却水应从下口进，上口出。

⑤温度计的安装应使其测温球上端与蒸馏头侧管下端相平齐。

⑥整套装置应密闭，以免在蒸馏过程中有蒸气渗漏而造成产品损失，甚至发生火灾。

⑦蒸馏前应加入沸石。当液体沸腾时，千万不能再加入沸石，否则液体会冲出，若液体易燃会引起火灾。

【知识链接】沸点的测定原理

1. 沸点

沸腾是在一定温度下液体内部和表面同时发生的剧烈汽化现象。液体沸腾时候的温度，即液体的气态饱和蒸气压和液体外界的大气压相等时的温度被称为沸点。浓度越高，沸点越高。不同液体的沸点是不同的，所谓沸点是针对不同的液态物质沸腾时的温度。沸点随外界压力变化而改变，压力低，沸点也低。

2. 沸点测定意义

在一定压力下，纯净液体物质的沸点是固定的，沸程较窄（0.5～1 ℃）。如果含有杂质，沸点就会发生变化，沸程也会增大。所以一般可通过测定沸点来检验液体有机物的纯度。但须注意，并非具有固定沸点的液体就一定是纯净物，因为有时某些共沸混合物也具有固定的沸点。

沸点是液体有机物的特性常数，在物质的分离、提纯和使用中具有重要意义。

3. 蒸馏

蒸馏是分离和提纯液态有机物最常用的一种方法。将液体加热至沸腾，使液体变为蒸气，然后使蒸气冷却再凝结为液体的过程称为蒸馏。纯的液态物质在大气压下有一定的沸点，不纯的液态物质沸点不恒定，因此可用蒸馏测定物质的沸点和定性地检验物质的纯度，其适用于沸点 30～300 ℃范围，且在蒸馏过程中化学性能稳定的液体有机试剂。

4. 常压蒸馏装置的安装

安装普通蒸馏装置时，其程序一般是由下（从加热源）而上，由左（从蒸馏烧瓶）向右，依次连接。有时还要根据接受瓶的位置，反过来调整蒸馏烧瓶与加热源的高度。在安装时，可使用升降台或小方木块作为垫高用具，以调节热源或接受瓶的高度。

蒸馏装置安装完毕后，应从 3 个方面检查：①从正面看，温度计、蒸馏烧瓶、热源的中心轴线在同一条直线上，可简称为“上下一条线”，不要出现装置的歪斜现象；②从侧面看，接受瓶、冷凝管、蒸馏瓶的中心轴线在同一平面上，可简称为“左右在同一面”，不要出现装置的扭曲或曲折等现象，在安装中，使夹蒸馏烧瓶、冷凝管的铁夹伸出的长度大致一样，可使装置符合规范；③装置要稳定、牢固，各磨口接头要相互连接，要严密，铁夹要夹牢，装置不要出现松散或稍微一碰就晃动。能符合这些要求的蒸馏装置将具有实用、整齐、美观、牢固的优点。

如果被蒸馏物质易吸湿，应在接受管的支管上连接一个氯化钙管。如蒸馏易燃物质（如乙醚等），则应在接受管的支管上连接一个橡皮管引出室外，或引入水槽和下水道内。

另外，需要注意，当进行其他蒸馏操作时，当蒸馏沸点高于 140 ℃的有机物时，不能用水冷冷凝管，要改用空气冷凝管。若使用热浴作为热源，则热浴的温度必须比蒸馏液体的沸点高出若干度，否则是不能将被蒸馏物蒸出的。热浴温度比蒸馏物的沸点高出越多，蒸馏速度越快。但热浴的温度最高不能超过沸点 30 ℃，否则会导致瓶内物质发生冲料现象，以致引发燃烧等事故的发生。这在处理低沸点、易燃物时尤其应该注意。过度加热还会引起被蒸馏物的过热分解。例如，在蒸馏乙醚等低沸点易燃液体时，应选用热水浴加热，不能用明火直接加热，不能用明火加热热水浴，应用添加热水的方法，维持热水浴温度。

【练一练】乙醇的蒸馏及沸点的测定

课后习题

一、写出并命名单环芳烃 C_9H_{12} 的同分异构体的构造式

二、命名下列化合物

1. 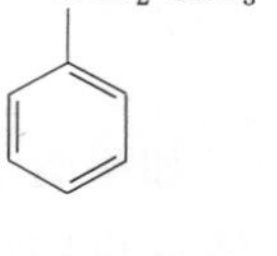 CH_2CH_3（苯环）

2. CH_3、CH_3、CH_3（苯环）

3. $CH_2CH_2CH_3$、CH_3（苯环）

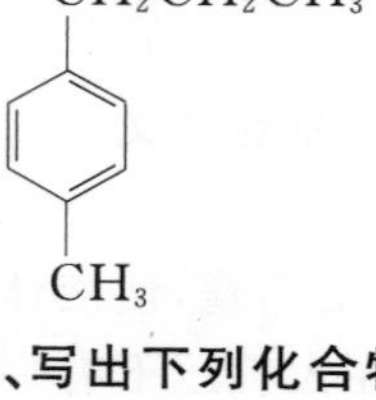

4. 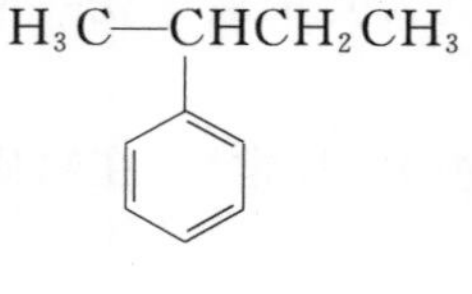 $H_3C—CHCH_2CH_3$（苯环）

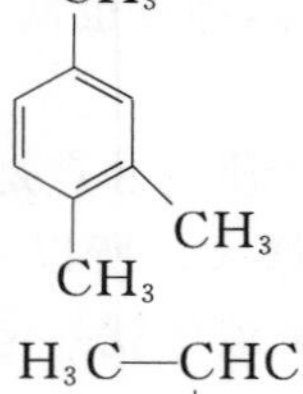

三、写出下列化合物的构造式

1. 异丙苯　　2. 甲苯

3. 邻二甲苯　　4. 均三甲苯

5. 对甲基乙苯　　　　　　　　　　6. 对二甲苯

四、完成下列反应的化学方程式

1. 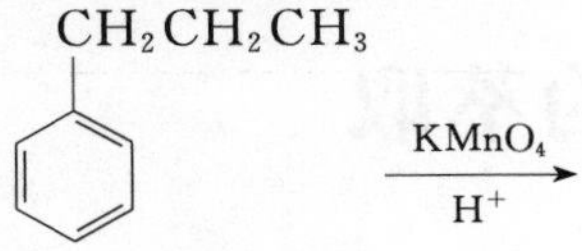 $CH_2CH_2CH_3$ $\xrightarrow[H^+]{KMnO_4}$

2. 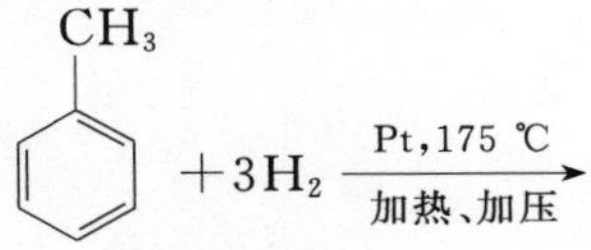 CH_3 $+3H_2$ $\xrightarrow[\text{加热、加压}]{Pt,175\ ℃}$

3. 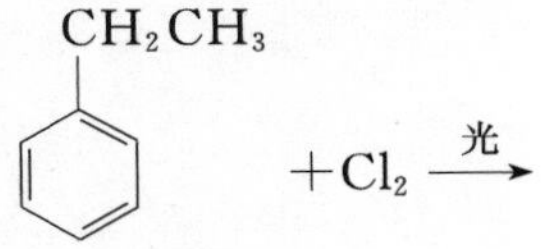 CH_2CH_3 $+Cl_2$ $\xrightarrow{\text{光}}$

4. CH_2CH_3 $+Cl_2$ $\xrightarrow{FeCl_3}$

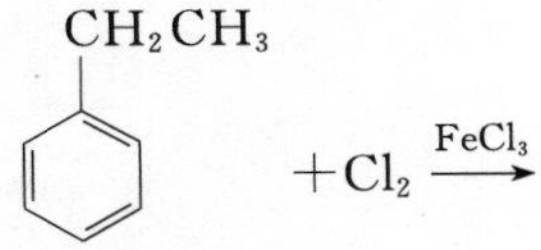

5. 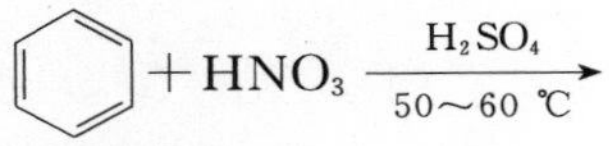 $+HNO_3$ $\xrightarrow[50\sim60\ ℃]{H_2SO_4}$

五、简答题

1. 什么叫沸点？液体的沸点和大气压有什么关系？

2. 蒸馏时加入沸石有什么作用？如果蒸馏前忘记加沸石，中途能否立即将沸石加至接近沸腾的液体中？

3. 为什么蒸馏时最好控制馏出液的速度为1～2滴/秒为宜？

4. 如果液体具有恒定的沸点，那么能否认为它是纯物质？

项目六 苯酚水溶液的萃取

知识目标

掌握醇、酚、醚的分类和命名；
理解醇、酚的性质；
了解醚的性质；
理解萃取的原理。

技能目标

能够通过试验鉴别醇、酚；
能够正确进行萃取操作；
能够使用乙酸乙酯萃取苯酚水溶液。

素质目标

培养小组成员间的团队协作能力；
培养学生的动手能力和实验室安全意识。

任务一 初识醇、酚和醚

【子任务】认识苯酚的结构

通过查阅资料，学习和掌握苯酚的结构。

阅读材料：苯酚的发现

苯酚是由德国化学家龙格(F. F. Runge)于 1834 年在煤焦油中发现的，故又称为石炭酸。苯酚的声名远扬应归功于英国著名的医生里斯特。里斯特发现患者手术后死因多数是伤口化脓感染，偶然之下用苯酚稀溶液来喷洒手术的器械和医生的双手，结果患者的感染情况显著减少。这一发现使苯酚成为一种强有力的外科消毒剂，里斯特也因此被誉为“外科消毒之父”。

【任务解析】苯酚的结构

苯酚，又称石炭酸，分子式为 C_6H_6O。如图 6-1 所示，其分子由一个羟基直接连在苯环上构成。由于苯环的稳定性，这样的结构几乎不会转化为酮式结构。

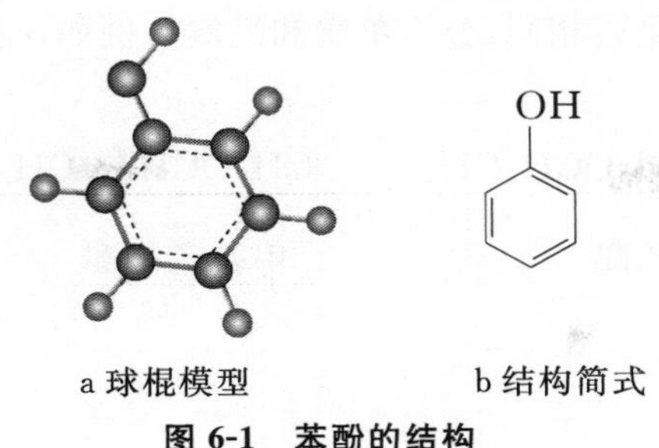

a 球棍模型　　b 结构简式

图 6-1　苯酚的结构

【知识链接】醇、酚、醚的分类与命名

一、分类

醇、酚、醚都是烃的重要含氧衍生物。在醇和酚分子中，氧原子与氢原子结合成羟基(—OH)。羟基与脂肪族烃基或芳香环侧链直接相连的叫醇，羟基与苯环直接相连的叫酚。而在醚分子中，氧原子是与两个烃基直接相连。

1. 醇

① 通式醇可以看作是烃分子中的氢原子被羟基所取代，所以可以用通式 R—OH 表示(R 表示烃基)。另外，对饱和一元醇可用通式 $C_nH_{2n+2}O(n\geqslant1)$表示，其中 n 表示碳原子个数。

② 分类根据与羟基相连的烃基的构造不同，醇可分为饱和醇、不饱和醇、脂环醇、芳香醇等；也可根据与羟基相连的碳原子的类型，分为伯醇(一级醇)、仲醇(二级醇)、叔醇(三级醇)。与伯碳原子相连接的称为伯醇；与仲碳原子相连接的称为仲醇；与叔碳原子相连接的称为叔醇；还可根据分子中所含羟基的数目，分为一元醇、二元醇和三元醇等，二元以上统称为多元醇。例如：

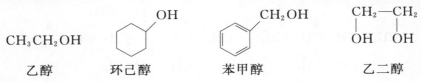

CH_3CH_2OH　　OH　　CH_2OH　　$CH_2—CH_2$ / OH　OH

乙醇　　环己醇　　苯甲醇　　乙二醇

2. 酚

①通式酚的通式可以用 Ar—OH 来表示，Ar 表示芳香环。

②分类酚可以根据分子中所含酚羟基的数目，分为一元酚、二元酚和三元酚等，二元以上统称为多元酚。例如：

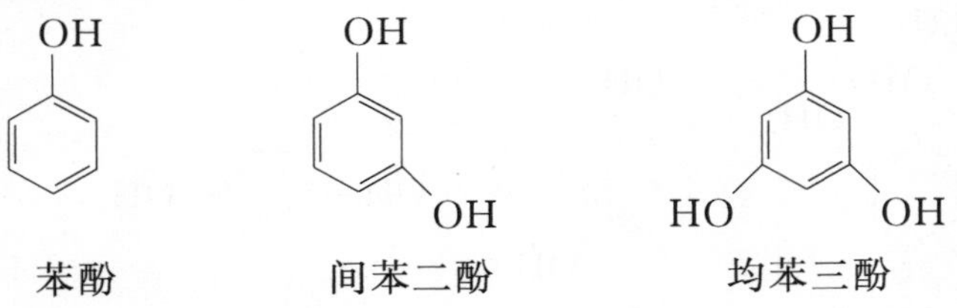

苯酚　　间苯二酚　　均苯三酚

3. 醚

①通式醚可以看作是醇分子中的氢原子被烃基所取代，可以用通式 R—O—R 或 Ar—O—Ar 来表示。

②醚可以根据氧原子所连两个烃基的结构和方式的不同，分为饱和醚、不饱和醚、芳醚

和环醚。又可视两个烃基是否相同，分为单醚和混醚。例如：

CH_3OCH_3 甲醚　$CH_3CH_2OCH_2CH_3$ 乙醚　$CH_3OCH_2{=}CH_2$ 甲基乙烯醚　$C_6H_5OCH_3$ 苯甲醚

二、命名

1. 醇

(1)普通命名(习惯命名)

习惯命名法只适用于结构简单的醇。命名时，在烃基后面加“醇”字。例如：

$CH_3CH_2CH_2CH_2OH$ 正丁醇　$CH_3CH(CH_3)CH_2OH$ 异丁醇　$CH_3CH(OH)CH_2CH_3$ 仲丁醇　$(CH_3)_3COH$ 叔丁醇

(2)系统命名

系统命名法命名原则如下：

①选主链。(母体)选择连有羟基的最长的碳链作为主链，支链看作取代基。

②编号。从靠近羟基的一端开始将主链的碳原子依次用阿拉伯数字编号，使羟基所连的碳原子位次最小；

③命名。根据主链所含碳原子数称为“某醇”，将取代基的位次、名称及羟基位次写在“某醇”前。例如：

$\overset{1}{C}H_3-\overset{2}{C}H(OH)-\overset{3}{C}H(CH_3)-\overset{4}{C}H_3$

3-甲基-2-丁醇

$\overset{1}{C}H_3-\overset{2}{C}H(CH_3)-\overset{3}{C}(OH)(CH_2-CH_3)-\overset{4}{C}H(CH_3)-\overset{5}{C}H_2-\overset{6}{C}H_3$

2,4-二甲基-3-乙基-3-己醇

2. 酚

酚的命名是酚字前面加上芳环的名称，以此为母体名称，母体名称前再冠以取代基的位次、数目和名称。命名多元酚时，要标明酚羟基的相对位置。对结构复杂的酚可把羟基作为取代基来命名。例如：

苯酚　邻苯二酚　间苯二酚　对苯二酚　均苯三酚

【知识拓展】多取代基单环芳烃的命名

按照官能团优先规则，若苯环上没有比—OH 优先的基团[如—NH_2，—OR (烷氧基)，—R

(烷基),—X(卤原子),—NO_2(硝基)等],则—OH与苯环一起为母体,称为“某酚”。环上其他基团为取代基,按取代基位次、数目和名称写在“某酚”前面。例如:

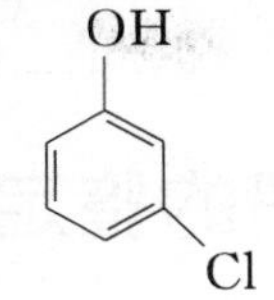

间氯苯酚 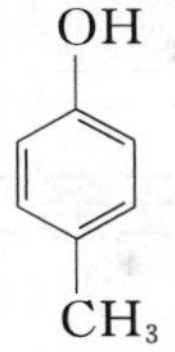　　对甲基苯酚

若苯环上有比—OH优先的基团,则—OH作为取代基。例如:

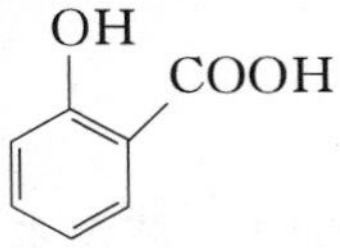

邻羟基苯甲酸 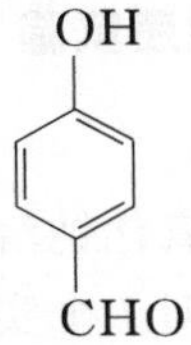　　对羟基苯甲醛

3.醚

命名结构简单的醚时,采用普通命名法。命名单醚时,先写出与氧相连的烃基名称(“基”字常省略),再加上“醚”字即可,表示两个相同烃基的“二”字可以省略。例如:

$CH_3—O—CH_3$

(二)甲醚　　(二)苯醚

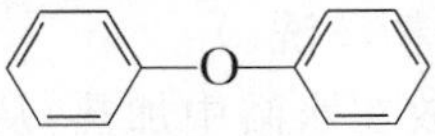

命名脂肪混醚时,一般将较简单的烃基名称写在前面;命名芳香混醚时,则将芳香烃基的名称放在烷基的前面。例如:

$CH_3—O—C_2H_5$

甲乙醚　　苯乙醚

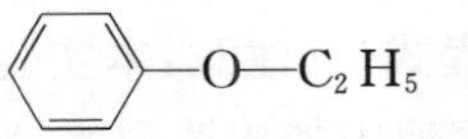

【知识拓展】结构复杂的醚的命名

对于结构复杂的醚,采用系统命名法,将烃氧基当作取代基来命名。例如:

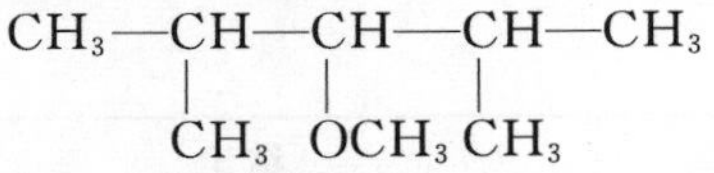

$CH_3—CH(CH_3)—CH(OCH_3)—CH(CH_3)—CH_3$

2,4-二甲基-3-甲氧基戊烷

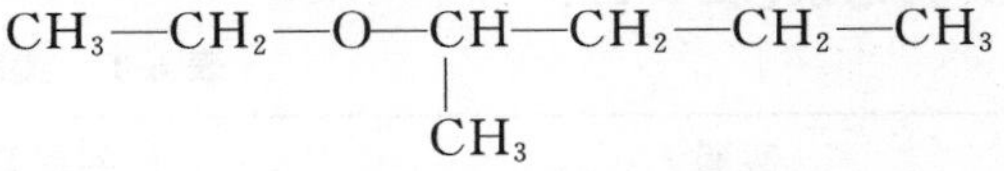

$CH_3—CH_2—O—CH(CH_3)—CH_2—CH_2—CH_3$

2-乙氧基戊烷

【练一练】给下列物质分类和命名

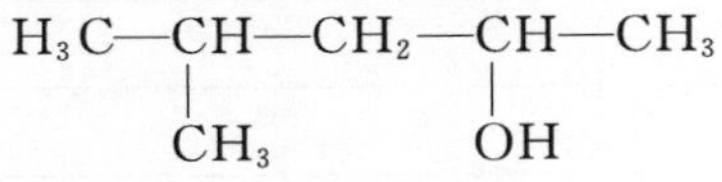

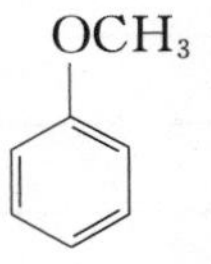

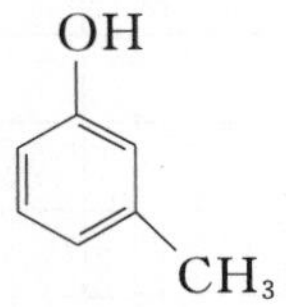

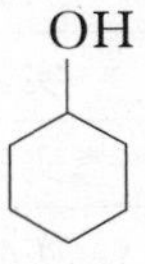

$H_3C—CH(CH_3)—CH_2—CH(OH)—CH_3$

$CH_3—CH_2—OH$　　(苯酚：苯环—OH)　　(苯甲醇：苯环—CH_2OH)　　$CH_3—O—CH_3$

任务二　醇和酚的鉴定

【子任务 1】验证苯酚的性质

【做一做】苯酚的理化性质实验

实验器材：试管、水浴等。

实验药品：苯酚、苯、氢氧化钠溶液、稀盐酸、$CaCO_3$、浓溴水、1%的 $FeCl_3$和煤油等。

组织形式：分组完成下列 7 个实验，并记录实验现象。

实验内容：

① 观察苯酚的颜色、状态，闻一闻苯酚的气味。

② 在试管中加入少量水，逐渐加入苯酚晶体，不断振荡试管。继续向上述试管中加入苯酚晶体至有较多量晶体不溶解，不断振荡试管，静置片刻。（提醒：若手指蘸上苯酚，苯酚有毒，可用 75%的酒精清洗。）

③ 将上述试管放在水浴中加热，从热水浴中拿出试管，冷却静置。

④ 将苯酚晶体分别加入到苯和煤油中，并与实验 2 做比较。

⑤ 取苯酚的浊液 2 mL 于试管中，向其中逐滴加入氢氧化钠溶液，浊液将变澄清。将得到的澄清液分到两支试管中，向其中一支滴加稀盐酸，另一支通入二氧化碳气体，观察实验现象，写出反应方程式。（注意：本实验的二氧化碳气体用石灰石和盐酸现场制取。）

⑥ 向稀苯酚溶液中加入浓溴水，观察实验现象，写出反应方程式。

⑦ 取少量的苯酚溶液，加入 1%的 $FeCl_3$溶液，观察实验现象。

注意事项：

因苯酚具有腐蚀性，在实验时注意不要碰到皮肤上。

实验记录(表 6-1)：

表 6-1　实验记录表

实验	实验现象	结论
实验 1		
实验 2		
实验 3		
实验 4		
实验 5		
实验 6		
实验 7		

【任务解析】苯酚的性质

一、物理性质

①苯酚是无色、有特殊气味的针状晶体，略显红色，这是因为被空气中氧气氧化所致，说明苯酚容易被氧化；

②常温下苯酚在水中的溶解度不大，室温下在水中的溶解度是 9.3 g；

③苯酚的溶解度随着温度的升高而增加，当温度高于 65 ℃时能与水混溶；

④苯酚易溶于苯和煤油等有机溶剂。

二、苯酚的化学性质

1.苯酚的酸性

向苯酚乳浊液中滴加 NaOH 溶液会变澄清，滴加盐酸和通入二氧化碳气体后澄清溶液均变回混浊。反应的化学方程式如下：

$$C_6H_5OH + NaOH \longrightarrow C_6H_5ONa$$

$$C_6H_5ONa + HCl \longrightarrow C_6H_5OH + NaCl$$

$$C_6H_5ONa + CO_2 \longrightarrow C_6H_5OH + NaHCO_3$$

思考：苯酚与盐酸、碳酸相比，酸性如何？苯酚能否使石蕊、甲基橙等指示剂变色？

2.苯酚的取代反应

向稀苯酚溶液中加入浓溴水，有白色沉淀生成，常用于苯酚的定性检验和定量测定。反应的化学方程式：

$$C_6H_5OH + 3Br_2 \longrightarrow C_6H_2Br_3OH \downarrow + 3HBr$$

3.苯酚的显色反应

取少量的苯酚溶液，加入 1% 的 $FeCl_3$ 溶液，颜色由无色变为紫色，可用来检验酚类化合物。

【子任务 2】验证醇的性质

【做一做】醇的理化性质实验

实验器材：试管、100 mL 烧杯、酒精灯等。

实验药品：无水乙醇、金属钠、酚酞试剂、正丁醇、仲丁醇、叔丁醇、蒸馏水、1 mol /L 硫酸、0.17 mol /L 重铬酸钾溶液、卢卡斯试剂、2.5 mol /L 氢氧化钠溶液、乙醇、0.3 mol/L 硫酸铜溶液。

组织形式：分组完成下列 4 个实验，并记录实验现象。

实验内容：

①观察甲醇、乙醇、甘油、丁醇和十二醇的颜色、状态，闻一闻气味。

②在试管中加入少量水，分别加入甲醇、乙醇、丁醇和十二醇，不断振荡试管，观察现象。

③醇与金属钠的反应。取一支干燥试管，加入无水乙醇 0.5 mL，再加入新切的金属钠一粒，观察和解释变化。冷却后，加入少许蒸馏水，然后再加入一滴酚酞试剂，观察和解释变化。

④与卢卡斯试剂的反应。取 3 支试管，分别加入正丁醇、仲丁醇、叔丁醇各 3 滴，在 50～60 ℃水浴中预热片刻。然后同时向 3 支试管中加入卢卡斯试剂 1 mL，振摇，观察和解释变化。

⑤醇的氧化。取 4 支试管，分别加入正丁醇、仲丁醇、叔丁醇、蒸馏水各 3 滴。然后在以上 4 支试管中分别加入 6 mol/L 硫酸、0.17 mol/L 重铬酸钾溶液各 2～3 滴，振摇，观察和解释变化。

实验记录(表 6-2)：

表 6-2 实验记录表

实验	实验现象	结论
实验 1		
实验 2		
实验 3		
实验 4		
实验 5		

【任务解析】醇的性质

一、物理性质

①甲醇、乙醇为液体，具有酒精气味，可以与水混溶；

②甘油为黏稠状液体，可以与水混溶；

③丁醇具有臭味，水溶性不大；

④十二醇是无色蜡状固体，不溶于水，且浮于水面。

二、化学性质

1. 醇与钠的反应

醇与水相似，醇羟基中的氢可被钠等活泼金属单质置换，放出氢气并生成醇的金属化合物，反应的化学方程式如下：

$$2CH_3CH_2OH + 2Na \longrightarrow 2CH_3CH_2ONa + H_2\uparrow$$

2. 醇与卢卡斯试剂的反应

醇与氢卤酸反应生成卤代烃和水，其反应速率与醇的结构有关。卢卡斯试剂是浓盐酸与无水氯化锌的混合物。当被检验的醇与之作用时，生成的氯代烷由于不溶于卢卡斯试剂，导致反应体系出现混浊和分层的现象。在室温下叔醇与卢卡斯试剂立即反应出现混浊现象；仲醇与卢卡斯试剂作用数分钟后可出现混浊现象；而伯醇与卢卡斯试剂在加热下才渐渐有混浊现象。反应的化学方程式如下：

$$(CH_3)_3C{-}OH + HCl \xrightarrow[25\ ℃]{ZnCl_2} (CH_3)_3C{-}Cl + H_2O$$ 立即混浊

$$CH_3{-}CH_2{-}CH(CH_3){-}OH + HCl \xrightarrow[25\ ℃]{ZnCl_2} CH_3{-}CH_2{-}CH(CH_3){-}Cl + H_2O$$ 几分钟后混浊

$$CH_3CH_2CH_2CH_2OH + HCl \xrightarrow[25\ ℃]{ZnCl_2}$$ 几小时后也不见混浊

3. 醇的氧化反应

伯醇首先被氧化成醛（醛比醇更容易被氧化），醛被继续氧化生成羧酸；仲醇则被氧化生成相应的酮；叔醇难以被氧化。常用的氧化剂是重铬酸钾和稀硫酸溶液。伯醇、仲醇分别被氧化生成羧酸、酮，而 $Cr_2O_7^{2-}$ 离子（橙红色）则被还原为 Cr^{3+} 离子（绿色），叔醇不发生此反应。因此利用该反应可鉴别叔醇与伯醇。

【知识链接】醇、酚、醚的性质

一、醇

1. 物理性质

含有 1～11 个碳原子的直链饱和一元醇为无色、相对密度比水小的液体，其中甲醇、乙醇和丙醇具有酒精气味，可以与水混溶；丁醇至十一醇具有臭味，水溶性不大；含有 12 个以上碳原子的高级醇是无色蜡状固体，不溶于水；低级的多元醇是黏稠的液体，高级的多元醇是固体。

低级醇的沸点比它相对分子质量相近的烷烃要高得多。例如，甲醇（相对分子质量 32）的沸点为 65 ℃，而乙烷的（相对分子质量 30）沸点仅为－88.6 ℃，两者相差 153 ℃左右。这是因为醇在液体时分子间能形成氢键，以缔合状态存在。例如：

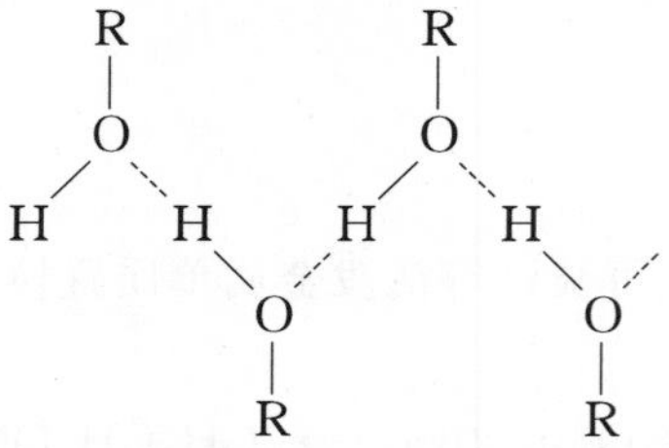

低级醇能与水混溶，也是因为醇分子可以与水分子形成氢键。随着醇分子中碳原子数的增加，烃基对羟基与水分子形成氢键的阻碍增大，水溶性逐渐降低，所以高级醇难溶于水，而易溶于有机溶剂。

表6-3列出了一些醇的物理性质。

表6-3　一些常用醇的物理性质

名称	结构式	熔点/℃	沸点/℃	相对密度(20 ℃)	$\frac{溶解度}{g \cdot 100\ g\ 水^{-1}}$(20 ℃)
甲醇	CH_3OH	−97	64.5	0.793	∞
乙醇	CH_3CH_2OH	−115	78.3	0.789	∞
正丙醇	$CH_3(CH_2)_2OH$	−126	97.2	0.804	∞
正丁醇	$CH_3(CH_2)_3OH$	−90	118	0.810	7.9
正戊醇	$CH_3(CH_2)_4OH$	−78.5	138	0.817	2.3
正己醇	$CH_3(CH_2)_5OH$	−52	156.5	0.819	0.6
正庚醇	$CH_3(CH_2)_6OH$	−34	176	0.822	0.2
正辛醇	$CH_3(CH_2)_7OH$	−15	195	0.825	0.05
正壬醇	$CH_3(CH_2)_8OH$	−5	214	0.827	不溶
正癸醇	$CH_3(CH_2)_9OH$	6	228	0.829	不溶
正十二醇	$CH_3(CH_2)_{11}OH$	24	259		不溶
正十四醇	$CH_3(CH_2)_{13}OH$	38			不溶
正十六醇	$CH_3(CH_2)_{15}OH$	49			不溶
正十八醇	$CH_3(CH_2)_{17}OH$	58.5			不溶

2.化学性质

(1)与活泼金属的反应

醇与水相似，醇羟基中的氢可被活泼金属单质置换，放出氢气并生成醇的金属化合物，后者是一类重要的有机化合物，它们不但是用途广泛的试剂或催化剂，有的还用于超细材料的制备。

$$2CH_3CH_2OH + 2Na \longrightarrow 2CH_3CH_2ONa + H_2\uparrow$$

醇与金属钠的反应不如水与钠的反应剧烈，表明醇的酸性比水弱。常常利用醇与钠的反应销毁残余的金属钠，而不发生燃烧和爆炸。醇钠是一种化学性质活泼的白色固体，其碱性很强，不稳定，遇水迅速水解成醇和氢氧化钠，所以滴入酚酞试剂后，溶液显红色。其他活泼金属(K、Mg、Al)在高温下也可与醇作用生成醇的金属化合物和氢气。

醇的反应活性：甲醇＞伯醇(乙醇)＞仲醇＞叔醇。

(2)与氢卤酸的反应

醇与氢卤酸反应生成卤代烃和水，其反应速率与氢卤酸的活性和醇的结构有关。

反应速率取决于酸的性质和醇的结构，实验研究发现，氢卤酸的反应活性为：HI＞HBr＞HCl（HF 通常不起反应）。

醇的活性为：叔醇＞仲醇＞伯醇。例如：

$$(CH_3)_3C{-}OH + HCl \xrightarrow[25\ ℃]{ZnCl_2} (CH_3)_3C{-}Cl + H_2O$$　立即混浊

$$CH_3{-}CH_2{-}CH(CH_3){-}OH + HCl \xrightarrow[25\ ℃]{ZnCl_2} CH_3{-}CH_2{-}CH(CH_3){-}Cl + H_2O$$　几分钟后混浊

$$CH_3CH_2CH_2CH_2OH + HCl \xrightarrow[25\ ℃]{ZnCl_2}$$　几小时后也不见混浊

【卢卡斯(Lucas)试剂】不多于 6 个碳原子的醇，可以用卢卡斯(Lucas)试剂来检验醇的级别。卢卡斯试剂是浓盐酸与无水氯化锌的混合物。当被检验的醇与之作用时，生成的氯代烷由于不溶于卢卡斯试剂，导致反应体系出现混浊和分层的现象。在室温下叔醇或烯丙醇与卢卡斯试剂立即反应出现混浊现象；仲醇与卢卡斯试剂作用数分钟后可出现混浊现象；而伯醇与卢卡斯试剂的反应加热下才渐渐有混浊现象。

(3)脱水反应

醇与浓硫酸共热发生脱水反应，产物随反应条件及醇的类型而异。在较高温度下，主要发生分子内的脱水(消除反应)生成烯烃；而在较低温度下，则发生分子间脱水生成醚。

$$CH_3CH_2OH \xrightarrow[170\ ℃]{浓硫酸} CH_2{=}CH_2 + H_2O$$(分子内脱水)

$$CH_3CH_2OH \xrightarrow[140\ ℃]{浓硫酸} CH_3CH_2OCH_2CH_3 + H_2O$$(分子间脱水)

脱水的难易程度叔醇＞仲醇＞伯醇。

(4)酯化反应

①硫酸酯的生成。醇与硫酸在不太高的温度下作用得到硫酸氢酯。

$$CH_3OH + HOSO_2OH \longrightarrow CH_3OSO_2OH + H_2O$$

硫酸氢甲酯

$$CH_3OH + HOSO_2OH \longrightarrow CH_3OSO_2OCH_3 + H_2O$$

硫酸二甲酯

硫酸二甲酯为无色液体，是常用的甲基化试剂，剧毒，使用时须注意安全。

②硝酸酯的生成。醇与硝酸、亚硝酸作用生成相应的酯。

$$CH_3CH(CH_3)CH_2CH_2OH + HONO_2 \longrightarrow CH_3CH(CH_3)CH_2CH_2ONO_2 + H_2O$$

硝酸异戊酯

(5)氧化反应

伯醇首先被氧化成醛(醛比醇更容易被氧化),醛被继续氧化生成羧酸;仲醇则被氧化生成相应的酮;叔醇难以被氧化。常用的氧化剂是重铬酸钾和稀硫酸溶液。伯醇、仲醇分别被氧化生成羧酸、酮,而 $Cr_2O_7^{2-}$ 离子(橙红色)则被还原为 Cr^{3+} 离子(绿色),叔醇不发生此反应。因此利用该反应可鉴别叔醇与伯醇、仲醇。

$$\underset{\text{伯醇}}{CH_3—CH_2—OH} \xrightarrow{[O]} \underset{\text{醛}}{CH_3—CHO} \xrightarrow{[O]} \underset{\text{羧酸}}{CH_3COOH}$$

$$\underset{\text{仲醇}}{(H_3C)_2CH—OH} \xrightarrow{[O]} \underset{\text{酮}}{(H_3C)_2C{=}O}$$

阅读材料:呼吸分析仪——交通警察的得力助手

乙醇简便、快捷的检测是检验驾驶员是否酒后驾车、维护交通安全的重要保证。交通警察使用的酒精分析器就是利用乙醇的氧化反应,快速、准确地测定驾驶员呼出气体中的乙醇含量,从而判断其是否喝过含酒精的饮料。

三氧化铬(CrO_3,俗称铬酐)为橙红色的晶体,是一种氧化能力很强的氧化剂,可以较快地氧化乙醇的同时被还原为墨绿色的三价铬离子。交通警察使用的酒精分析器内装有 CrO_3 晶体的粉末。当驾驶员对准酒精分析器呼吸时,如果呼出的气体中含有乙醇蒸气,酒精分析器内的 CrO_3 就会与之反应,生成绿色的三价铬离子。酒精分析器中铬离子颜色的变化通过电子传感元件转换成电信号,并使酒精分析器上的蜂鸣器发出声响,表示被测者确实喝过含酒精的饮料。这个方法极其灵敏,对于禁止酒后驾车行为、防止交通事故的发生起了很大的作用。

二、酚

1.物理性质

酚含有酚羟基,能形成分子间氢键,故其沸点比相对分子质量相近的芳香烃高。纯净的酚无色,但由于其易被空气氧化,所以带有不同程度的黄色或红色。

酚具有特殊的气味,能溶于乙醇、乙醚、苯等有机溶剂。酚与水也能形成氢键,因此在水中有一定的溶解度,但溶解度不大,加热时易溶于水,多元酚易溶于水。常见酚的物理性质见表 6-4。

表 6-4 常见酚的物理常数

名称	熔点/℃	沸点/℃	n_D^{20}	溶解度 / g·100g 水$^{-1}$(25 ℃)	p*K*a
苯酚	43	181	1.5509^{21}	9.3	9.89
邻甲苯酚	30	191	1.5361	2.5	10.20
间甲苯酚	11	201	1.5438	2.3	10.17
对甲苯酚	35.5	201	1.5312	2.6	10.01

续表

名称	熔点/℃	沸点/℃	n_D^{20}	溶解度 $\frac{}{g\cdot 100g 水^{-1}}$(25 ℃)	pKa
邻硝基苯酚	44.5	214	1.5723^{50}	0.2	7.23
间硝基苯酚	96	194(9333 Pa)		1.4	8.4
对硝基苯酚	114			1.6	7.15
2,4-二硝基苯酚	113	279(升华)		0.56	4.0
2,4,6-三硝基苯酚	122			1.4	0.71
邻苯二酚	105	245	1.604	45.1	9.48
间苯二酚	110	281		123	9.44
对苯二酚	170	286		8	9.96
1,2,3-苯三酚	133	309	1.561^{134}	62	7.0
α-萘酚	94	279	1.6624^{99}	难	9.31
β-萘酚	123	286		0.1	9.55

注：数字的角标代表温度。

苯酚有毒，对皮肤有腐蚀性，具有杀菌能力，是外科手术中使用最早的消毒药品。

2. 化学性质

(1)弱酸性

酚羟基由于受苯环的影响而表现出酸性。苯酚除了能和活泼金属反应外，还能与氢氧化钠反应生成易溶于水的苯酚钠。

$$C_6H_5OH + NaOH \longrightarrow C_6H_5ONa + H_2O$$

苯酚

苯酚的酸性比较弱，比碳酸还弱，因此苯酚只能溶于氢氧化钠或碳酸钠溶液，不溶于碳酸氢钠溶液。向苯酚钠的水溶液中通入二氧化碳，酚游离出来而使溶液变混浊。利用酚显弱酸性，可将酚从非酸性的化合物中分离出来。

$$C_6H_5ONa + CO_2 \longrightarrow C_6H_5OH + NaHCO_3$$

(2)与三氯化铁的显色反应

大多数酚类都能和三氯化铁溶液发生显色反应，如苯酚、间二苯酚、1,3,5-苯三酚显紫色；甲苯酚显蓝色；邻苯二酚、对苯二酚显绿色，1,2,3-苯三酚显红色。显色作用的机理尚不清楚，一般认为是酚类与三氯化铁生成了有色的配合物。

(3)氧化反应

酚类很容易被氧化，无色的苯酚在空气中因逐渐被氧化而显粉红色、红色或暗红色，产物很复杂。如果用重铬酸钾和硫酸作为氧化剂，苯酚能被氧化成苯醌。多元酚更容易被氧化，甚至在室温也能被弱氧化剂所氧化。由于酚类容易被氧化，所以在保存酚和含有酚羟基的药物时，应避免其与空气接触，必要时需加抗氧剂。同时，酚类也可以被用作抗氧化剂。

(4)取代反应

①卤代反应。苯酚极易发生卤代反应。

$$C_6H_5OH + 3Br_2 \longrightarrow C_6H_2Br_3OH\downarrow + 3HBr$$

2,4,6-三溴苯酚

该反应非常灵敏，极稀的苯酚溶液(10^{-6} mol·L^{-1})即可呈现明显的混浊，因此该反应常用于苯酚的定性和定量分析。

②硝化反应。苯酚在室温下与稀硝酸反应可生成邻硝基苯酚和对硝基苯酚。

$$C_6H_5OH \xrightarrow[25\ ℃]{20\%\ HNO_3} o\text{-}C_6H_4(OH)NO_2 + p\text{-}C_6H_4(OH)NO_2$$

邻硝基苯酚和对硝基苯酚可以用水蒸气蒸馏法分离，因为对位异构体(对硝基苯酚)通过分子间氢键形成了缔合体，挥发性小，不能随水蒸气蒸出，而邻位异构体(邻硝基苯酚)可形成分子内氢键，阻碍其与水分子形成氢键，导致其水溶性降低，挥发性大，可随水蒸气蒸出。

③磺化反应。苯酚很容易发生磺化反应，产物与反应温度有密切关系。在室温下，主要得到邻位磺化产物；较高的温度下，主要得到对位产物。

$$C_6H_5OH \xrightarrow{浓\ H_2SO_4} \begin{cases} \overset{25\ ℃}{\rightleftharpoons} o\text{-}C_6H_4(OH)SO_3H \\ \overset{100\ ℃}{\rightleftharpoons} p\text{-}C_6H_4(OH)SO_3H \end{cases}$$

由于磺酸基体积比较大，处于邻位时空间位阻比较大，邻位产物不如对位产物稳定，所以高温磺化反应以对位为主。磺化反应是可逆过程，磺酸基在受热时可以脱掉，因此在有机合成上磺酸基可作为苯的位置保护基团，将取代基引入到指定位置。

【拓展知识】

醚

1.物理性质

在常温下，除了甲醚和甲乙醚为气体外，一般的醚为无色、有特殊气味的液体，比水轻。低级醚的沸点比与它互为同分异构体的醇低得多，而与相对分子质量相当的烷烃接近，这是因为醚分子间不能形成氢键。但醚可以与水分子形成氢键，所以醚在水分子中的溶解度比烷烃大，并易溶于有机溶剂。醚能溶解许多其他有机化合物，因此乙醚常用作有机溶剂。

一些醚的物理常数见表6-5。

表6-5　醚的物理常数

名称	熔点/℃	沸点/℃	d_4^{20}	n_D^{20}
甲醚	−141.5	−24.9	0.661	—
乙醚	−116.2	34.5	0.7137	1.3526
丙醚	−112	90.5	0.736	1.3809
异丙醚	−85.89	68.7	0.7241	1.3679
丁醚	−95.3	142.4	0.7689	1.3392
乙烯基乙醚	−115.3	35.5	0.7630	1.3774
二乙烯基醚	−101	28	0.773	1.3989
苯甲醚	−37.5	155	0.9961	1.5179
二苯醚	26.84	257.9	1.0748	1.5787^{25}
环氧乙烷	−110	10.73(101 325 Pa)	0.8824^{10}	1.3597^{7}
1,2-环氧丙烷	−104	33.9	0.8590	1.3057
1,4-环氧丁烷	−65	66	0.8892	1.4050
1,4-二氧六环	11.8	101(99 992 Pa)	1.0337	1.4224

2.化学性质

(1)盐的生成

因为醚氧键原子有未共用的电子对，能接受质子，所以醚能与强酸（H_2SO_4，HCl等）反应，以配位键的形式结合生成。

$$CH_3{-}O{-}CH_3 + HCl \longrightarrow \left[CH_3{-}\overset{\overset{\textstyle H}{\cdot\cdot}}{\underset{\cdot\cdot}{O}}{-}CH_3 \right]^+ Cl^-$$

生成的盐溶于强酸，但遇水很快分解成醚，利用此反应可以鉴别和分离醚。

(2)醚键的断裂

醚与氢卤酸共热，醚键断裂，生成卤代烃和醇（或酚）。作用最强的是氢碘酸。脂肪混合醚醚键断裂时，一般是小的烃基形成卤代烃；芳香烷基醚醚键断裂时，则生成卤代烷和酚。例如：

$$C_2H_5{-}O{-}CH_3 + HI \longrightarrow CH_3CH_2OH + CH_3I$$

$$C_6H_5{-}O{-}CH_3 + HI \longrightarrow C_6H_5{-}OH + CH_3I$$

常见的醇、酚和醚

1. 醇

(1) 甲醇(CH_3OH)

甲醇最初是由木材干馏得到的，因此又称为木醉或木精。甲醇为无色挥发性液体，沸点为64.5 ℃，具有酒精气味，能与水和多数有机溶剂混溶。甲醇有毒，误饮少量(10 mL)可致人失明，大量(30 mL)可致死。甲醇是一种优良的有机溶剂。

(2) 乙醇(C_2H_5OH)

乙醇俗称酒精，是无色的挥发性液体，相对密度比水小，能与水或多数有机溶剂混溶，沸点为78.3 ℃。乙醇的用途很广，临床上常用75%的乙醇做消毒剂，用3%～5%的乙醇，对高烧患者进行擦浴，以降低体温；而95%的乙醇，则为药用乙醇，用于制备酊剂及提取中草药中的有效成分。

(3) 丙三醇($C_3H_6O_3$)

俗称甘油，为无色黏稠状具有甜味的液体，沸点为290 ℃，相对密度比水大，能与水以任意比例混溶。丙三醇有很强的吸湿性，稀释后的甘油刺激性缓和，能润滑皮肤，制剂上常用作溶剂、赋形剂和润滑剂，还常作为化工、合成药物的原料，用途非常广泛。

2. 酚

(1) 苯酚(C_6H_5OH)

苯酚简称酚，俗称石炭酸。苯酚为无色针状结晶，熔点为43 ℃，沸点为64.5 ℃，具有特殊气味，常温下微溶于水，温度高于70 ℃时，能与水任意混溶。苯酚可溶于乙醇、乙醚、苯等有机溶剂。苯酚能凝固蛋白质，具有杀菌作用，在医药上常用作消毒剂。苯酚的浓溶液对皮肤有强烈的腐蚀性，使用时应特别注意。苯酚易氧化，应贮藏于棕色瓶内并注意避光。

(2) 甲苯酚($CH_3—C_6H_4—OH$)

甲苯酚因来源于煤焦油，所以又称煤酚，它有邻、间、对3种异构体。由于沸点接近不易分离，实际常使用其混合物。煤酚的杀菌能力比苯酚强。因为它难溶于水，能溶于肥皂溶液，故常配成50%的肥皂溶液(俗称"来苏儿")，临用时加水稀释，用作器械消毒和环境消毒。但由于对人体有毒性作用，并对水环境有害，所以逐渐被其他消毒剂所代替。

(3) 苯二酚($HO—C_6H_4—OH$)

苯二酚具有邻、间、对3种异构体。邻苯二酚又名儿茶酚，存在于许多植物中，邻苯二酚的一个重要的衍生物是肾上腺素，肾上腺素有升高血压和止喘的作用。

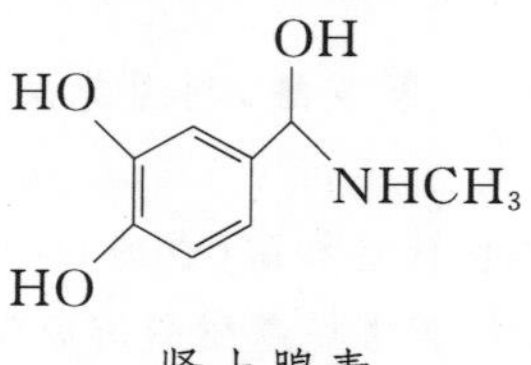

肾上腺素

3. 醚

乙醚($C_2H_5—O—C_2H_5$)

乙醚是使用最多的醚。常温下为无色的液体，有特殊气味，沸点为34.5 ℃，易挥发，非常易燃，乙醚的蒸气与空气混合达一定比例时，遇火可引起爆炸。所以，在制备和使用乙醚时要远离火源，采取必要的安全措施。乙醚比水轻，微溶于水，能溶解醇等多种有机化合物，是一种良好的有机溶剂。

由于乙醚的化学稳定性，在提取中草药中某些脂溶性的有效成分时，常使用乙醚作为溶剂。例如：提取槐花中的中药成分芸香苷（俗称芦丁）时，即使用乙醚作为溶剂。

乙醚因能作用于中枢神经系统，早在1842年就被用作外科手术时的麻醉药，但由于麻醉苏醒后常有恶心、呕吐等不良反应而限制了其广泛使用，日趋被更安全、高效的麻醉剂所代替。

任务三　乙酸乙酯萃取苯酚水溶液

【做一做】用乙酸乙酯萃取苯酚水溶液

实验器材：球形分液漏斗、滴管、铁架台（带铁圈）、锥形瓶、白瓷板、酒精灯。

实验药品：苯酚、水、乙酸乙酯、三氯化铁。

组织形式：分组完成下列实验，并记录实验现象。

实验内容：乙酸乙酯萃取苯酚水溶液。

①用量筒量取19 mL苯酚水溶液，置于分液漏斗中。

②加入5 mL乙酸乙酯萃取液（注意近旁不能有火）。

③盖上顶塞。先用右手食指的末节将漏斗上端玻塞顶住，再用大拇指及食指和中指握住漏斗。这样漏斗转动时可用左手的食指和中指蜷握在活塞的柄上，使振摇过程中玻璃塞和活塞均夹紧，上下轻轻振摇分液漏斗，每隔几秒钟将漏斗倒置（活塞朝上），小心打开活塞，以平衡内外压力，然后才用力振摇，使乙酸乙酯与苯酚水溶液两不相溶的液体充分接触，提高萃取效率。

④将分液漏斗置于铁圈，当溶液分成两层后，小心旋开活塞，放出下层水溶液于锥形瓶内，用滴管从下层水溶液中取少量液滴于白瓷板上，滴加$FeCl_3$溶液，如无紫色液出现，表明乙酸乙酯已将苯酚完全萃取。

实验记录（表6-6）：

表6-6　实验记录表

实验步骤	实验现象	结论
1		
2		
3		
4		

【任务解析】

一、萃取前准备

1. 分液漏斗的选用

常见的分液漏斗有球形分液漏斗和梨形分液漏斗。

从球形分液漏斗到长的梨形分液漏斗，其漏斗越长，振摇后两相分层所需时间越长。故两线密度相近时，宜采用球形分液漏斗。在实际操作中，通常使用 60～125 mL 的梨形分液漏斗。

使用分液漏斗，加入全部液体总体积应占其容积的 1/3，最多不得超多 2/3。

2. 分液漏斗使用前准备

把分液漏斗洗净后，取下旋塞，用滤纸吸干旋塞及其孔道中的水分，在旋塞上微孔的两侧涂上薄薄一层凡士林，然后小心将其插入孔道并旋转几周，至凡士林均匀透明为止。在旋塞细端突出部分的圆槽内套上橡皮筋，防止操作过程因活塞的松动而漏液或因活塞的脱落造成实验失败。

关好活塞，在分液漏斗中装上水，观察旋塞两端有无渗漏现象，再打开旋塞，看液体是否能通畅流下，然后，盖上顶塞，用手指抵住，倒置漏斗，检查其严密性。在确保分液漏斗旋塞关闭时严密，旋塞开启后畅通的情况下方可使用。使用前须关闭旋塞。

二、萃取操作步骤

1. 加液及振荡操作

①在分液漏斗中加入被萃取液和萃取剂，盖上顶塞。

②将分液漏斗从支架上取下，用右手按住玻璃塞，左手握住下端活塞。

③小心振荡，并不时将漏斗尾部向上倾斜。开启活塞排气，放出因振荡产生的气体，以降低分液漏斗内压力。重复上述操作，直到放气时压力很小为止（见图 6-2）。

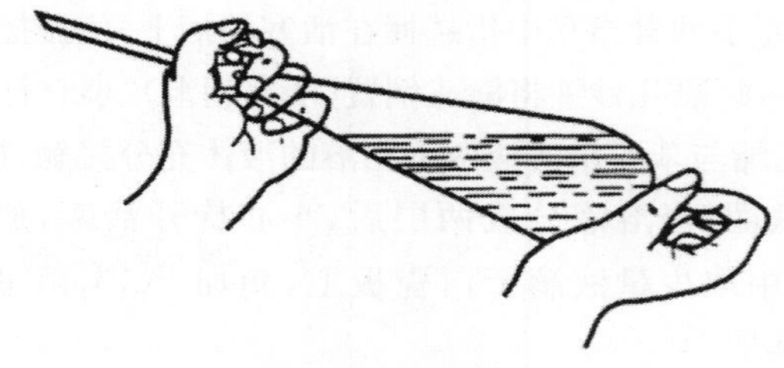

图 6-2　振荡操作

2. 分液

把分液漏斗放在铁架台上，静置片刻；当溶液分成两层后，先打开上口玻璃塞，缓缓地旋开下端活塞，将下层液缓缓放出，而上层液则须从漏斗颈上口倒出。

使用分液漏斗须防止以下几种错误的操作方法：

①用手拿住分液漏斗进行液体分离；

②上口玻璃塞未打开就转动活塞；

③上层液体也经漏斗的下端放出。

分液漏斗若与 NaOH 等碱性溶液接触后，必须冲洗干净。若较长时间不用，玻璃塞与活塞需用薄纸塞入，否则易粘在漏斗上而扭不开。

3. 多次萃取

将放出的水溶液倒回分液漏斗中，加入新的萃取剂，用同样的方法进行二次萃取。萃取次数一般为 3～5 次。

4. 干燥和纯化

把所有萃取液合并，加入合适的干燥剂，蒸去溶剂。再把萃取所得物质视其性质用蒸馏、重结晶等方法纯化。

【知识链接】萃取

一、萃取简介

萃取是分离和提纯有机化合物常用的基本操作之一。

在一混合液中加入某种溶剂，该溶剂将其中的可溶性溶质分离出来的操作，称为萃取。

下列 3 种情况较适合萃取：①混合物具有高沸点；②混合物具有共沸现象；③混合物具有温度敏感性。

二、萃取分离基本原理——相似相溶规则

大量的实践表明，极性化合物易溶于极性溶剂中，非极性化合物易溶于非极性溶剂中，这一规律称为相似相溶规则。例如：I_2是非极性物质，水是极性溶剂，CCl_4是非极性溶剂，所以 I_2易溶于 CCl_4中，而难溶于水，因此可用 CCl_4从碘水中萃取碘。当用等体积的 CCl_4从 I_2水溶液中提取 I_2时，萃取率可达到 98.8%。

每次萃取所用溶剂 B 的体积均为 V_B，溶剂 A 的体积为 V_A，经过 n 次萃取后，m_n为溶质(X)在溶剂 A 中的剩余量。

$$m_n=m_0\left(\frac{KV_A}{KV_A+V_B}\right)^n$$

式中，K 为分配系数。

例如，正丁酸在水与苯中的分配系数为 $K=1/3$。在 15 ℃时，4 g 正丁酸溶于 100 mL 水的溶液，用 100 mL 苯来萃取正丁酸，则萃取后正丁酸在水溶液中的剩余量为：

$$m_1=4\ \text{g}\times\frac{\frac{1}{3}\times 100}{\frac{1}{3}\times 100+100}=1\ \text{g}$$

萃取效率为
$$\frac{4\ \text{g}-1\ \text{g}}{4\ \text{g}}\times 100\%=75\%$$

若用 100 mL 苯分成 3 次萃取，即每次用 33.33 mL 苯来萃取，经过第 3 次萃取后正丁酸在水溶液中的剩余量为：

$$m_3=4\ \text{g}\times\left[\frac{\frac{1}{3}\times 100}{\frac{1}{3}\times 100+33.33}\right]^3=0.5\ \text{g}$$

萃取效率为
$$\frac{4\ \text{g}-0.5\ \text{g}}{4\ \text{g}}\times 100\%=\frac{3.5\ \text{g}}{4\ \text{g}}\times 100\%=87.5\%$$

从上面的计算可知，使用相同份量的溶剂，分多次用少量溶剂萃取，其效率要比用全量溶剂萃取高。

阅读材料:乙酸乙酯

为什么酒越陈越香?一般普通的酒,为什么埋藏了几年就变为美酒呢?白酒的主要成分是乙醇,把酒埋在地下,保存好,放置几年后,乙醇就和白酒中较少的成分乙酸发生化学反应,生成的 $CH_3COOC_2H_5$(乙酸乙酯)具有果香味。上述反应虽为可逆反应,反应速度较慢,但时间越长,也就有越多的乙酸乙酯生成,因此酒越陈越香。

乙酸乙酯又称醋酸乙酯,常温下为无色、有甜味的液体,沸点为 77 ℃,易挥发,对空气敏感,能吸水分,使其缓慢水解而呈酸性反应。乙酸乙酯具有优异的溶解性、快干性,用途广泛,是一种非常重要的有机化工原料和极好的工业溶剂,被广泛用于醋酸纤维、乙基纤维、氯化橡胶、乙烯树脂、乙酸纤维树脂、合成橡胶、涂料及油漆等的生产过程中。

课后习题

一、选择题

1. 下列化合物中,酸性最强的是(　　)

A. 水　　B. 醇　　C. 苯酚　　D. 碳酸

2. 下列物质中,沸点最高的是(　　)

A. 乙烷　　B. 乙醚　　C. 乙烯　　D. 甲醇

3. 下列各组物质,互为同分异构体的是(　　)

A. 甲醚和甲醇　　B. 乙醇和乙醚

C. 甲醚和乙醇　　D. 丙醇和丙醚

4. 下列物质中,可用于鉴别苯酚和苯甲醇的是(　　)

A. 硝酸银水溶液　　B. 溴水

C. 高锰酸钾溶液　　D. 卢卡斯试剂

5. 下列化合物中,在水中溶解度最大的是(　　)

A. 乙醇　　B. 乙醚　　C. 乙烯　　D. 乙烷

6. 下列化合物中,能形成分子间氢键的是(　　)

A. 甲醇　　B. 甲醚　　C. 乙炔　　D. 乙烯

7. 下列化合物中,能与 $FeCl_3$ 显紫色的是(　　)

A. 苯酚　　B. 甘油　　C. 苯甲醇　　D. 乙醇

8. 下列化合物中,不属于用作医疗器械消毒剂“来苏儿”成分的是(　　)

A. 苯甲醇　　B. 邻甲苯酚　　C. 间甲苯酚　　D. 对甲苯酚

9. 下列试剂中,不能与苯酚反应的是(　　)

A. 三氯化铁溶液　　B. 氢氧化钠溶液

C. 高锰酸钾溶液　　D. 碳酸氢钠溶液

10. 下列化合物中,不能燃烧的是(　　)

A. 柴油　　B. 苯　　C. 乙醇　　D. 四氯化碳

二、命名题

1. $H_3C-C(CH_3)_2-CH_2OH$（中心碳上、下各连 CH_3）

2. $CH_3-CH(OH)-CH_2-CH_2-CH_3$

3. 苯环上连 OH，对位连 CH_3

4. 苯环上连 OH，邻位连 COOH

5. $H_3C-C(CH_3)_2-O-CH_3$（中心碳上、下各连 CH_3）

6. $CH_3-CH(OCH_3)-CH_2-CH(CH_3)-CH_3$

三、写出下列物质的构造式

1. 苯甲醚

2. 2-甲基-2-丙醇

3. 间甲苯酚

4. 乙醚

四、完成下列反应的化学方程式

1. $(H_3C)_2CH-OH + HCl \xrightarrow{ZnCl_2}$

2. $C_6H_5-O-CH_3 + HI \longrightarrow$

3. $CH_3CH_2OH \xrightarrow[170\ ℃]{浓硫酸}$

项目七　醛和酮的鉴定

知识目标

掌握简单醛和酮的分类和命名；

理解醛和酮的性质；

了解常见的醛和酮。

技能目标

能够通过实验现象鉴别简单的醛和酮；

能够正确进行醛和酮的鉴定实验操作；

能够用不同的方法鉴定醛和酮。

素质目标

培养小组成员间的团队协作能力；

培养学生的动手能力和实验室安全意识。

任务一　认识醛和酮

【子任务】认识醛和酮的结构

阅读材料：甲醛与健康

健康才能长寿，环境是决定健康的重要因素。人每天都要从周围环境中吸入并排出各种毒素，有一种毒素无处不在，无孔不入。那就是已被国际癌症研究机构认定的致癌物——甲醛。

根据美国国家环保局确定的标准，一个体重 60 kg 的人每天甲醛吸入量不得超过 12 mg，否则便有中毒危险。有一种观点说，甲醛微量无害，但再微量的甲醛也要由肝脏来解毒。微量甲醛虽不足以致命，但会增加肝的负担。长期累积，会引起肝病、呼吸道疾病，女性月经紊乱、妊娠综合征，新生儿体质降低、染色体异常，甚至引起口鼻、咽喉、皮肤等癌症，危及生命。我国每年因室内甲醛污染引起的死亡人数高达 11.2 万人，间接致病的有 210 多万，其中 100 多万是 5 岁以下的儿童；人一生中有 2/3 的时间是在室内度过的，居室内的甲醛含量直接关系健康。

家庭装修中地板铺设面积大，是甲醛最大的载体。要减少居室内的甲醛首当其冲就要选择甲醛释放量低的地板。只有选择甲醛释放量接近于零的产品，才能真正健康。

【任务解析】醛和酮的结构

醛和酮具有共同的结构特征，它们都含有羰基，所以这类化合物总称为羰基化合物。

醛分子中羰基与一个烃基和一个氢原子相连（甲醛例外），分子中—CHO 称为醛基，醛基是醛的官能团，位于碳链一端。

酮分子中羰基与两个烃基相连，酮分子中的羰基又称为酮基，是酮的官能团，位于碳链的中间。醛和酮分子中的烃基可以是烷基、烯基、环烷基或芳香烃基。

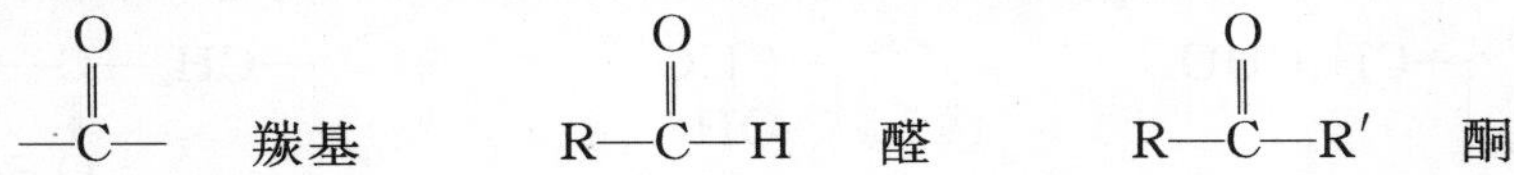

【知识链接】醛和酮的分类与命名

一、分类

醛和酮有多种分类方法。

①根据羰基所连烃基的不同可以分为脂肪醛、脂肪酮，芳香醛、芳香酮及脂环醛、脂环酮。例如：

$CH_3CH_2\overset{O}{\overset{\|}{C}}—H$　脂肪醛　　$CH_3CH_2\overset{O}{\overset{\|}{C}}CH_3$　脂肪酮

（环己酮结构式）脂环酮　　（苯环—CHO）芳香醛

②根据烃基饱和与否，脂肪醛、脂肪酮又可分为饱和醛、饱和酮与不饱和醛、不饱和酮。例如：

CH_3CHO　饱和醛　　CH_3COCH_3　饱和酮　　$CH_3CH_2CH═CHCHO$　不饱和醛

③也可以根据分子中所含羰基的数目，分为一元醛、一元酮与多元醛、多元酮。例如：

$H—\overset{O}{\overset{\|}{C}}CH_2CH_2CH_2\overset{O}{\overset{\|}{C}}—H$　1,5-戊二醛　　$CH_3\overset{O}{\overset{\|}{C}}CH_2\overset{O}{\overset{\|}{C}}CH_3$　2,4-戊二酮

二、命名

对于简单的醛、酮，可采用普通命名法。脂肪醛的普通命名法与醇相似，按所含碳原子数称为某醛。酮的普通命名法，可按羰基所连的两个烃基命名。例如：

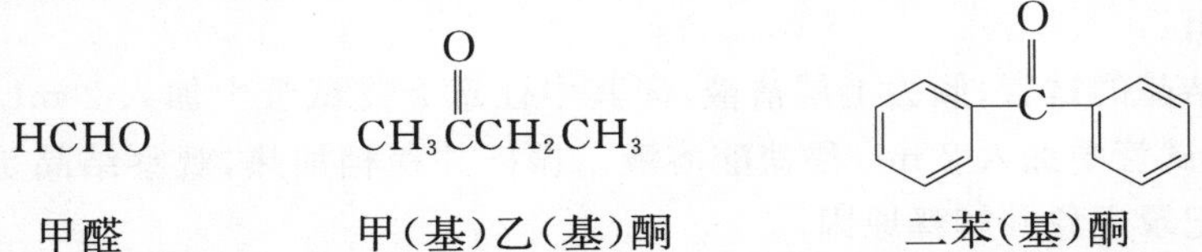

甲醛　　甲（基）乙（基）酮　　二苯（基）酮

对于构造复杂的醛、酮，则采用系统命名法。命名时应选择含有羰基的最长碳链为主链，称为某醛或某酮，醛的编号从羰基原子开始，不用标明其位次。酮则从靠近羰基的一端

开始编号，并且必须在其名称前标明位次。如有取代基，则将取代基的位次、数目和名称写在母体名称前。不饱和醛、酮的命名除羰基的编号应尽可能小以外，还应注明不饱和碳原子所在的位置。例如：

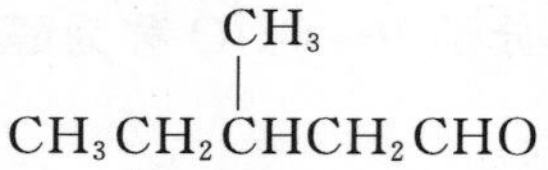

$$\underset{\text{3-甲基戊醛}}{CH_3CH_2\overset{\overset{CH_3}{|}}{C}HCH_2CHO} \qquad \underset{\text{2-甲基-3-戊酮}}{CH_3CH_2\overset{\overset{O}{\|}}{C}\overset{\overset{CH_3}{|}}{C}HCH_3} \qquad \underset{\text{2-戊烯醛}}{CH_3CH_2CH{=}CHCHO}$$

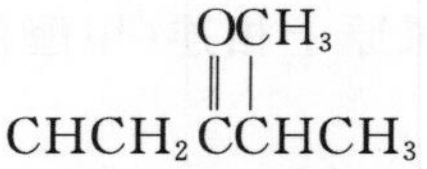

芳香醛、酮命名时，以脂肪醛、酮为母体，把芳香烃基作为取代基来命名。例如：

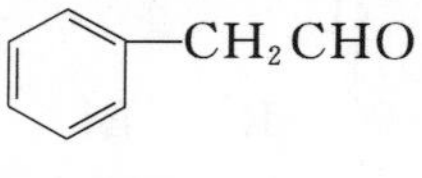

C_6H_5—CH_2CHO　　苯乙醛

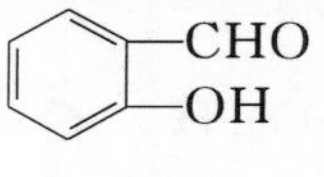

邻羟基苯甲醛（苯环邻位上分别连有 —CHO 和 —OH）

C_6H_5—CH_2—$\overset{\overset{O}{\|}}{C}$—$CH_3$　　1-苯基丙酮

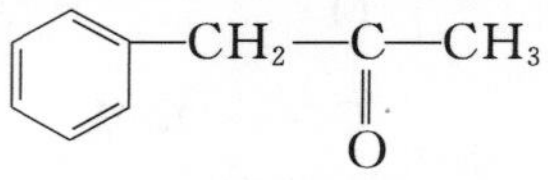

【练一练】命名下列有机化合物

$CH_3CH_2CH_2CHO$　　C_6H_5—CHO　　C_6H_5—$\overset{\overset{O}{\|}}{C}$—$C_6H_5$

CH_3—$\overset{\overset{CH_3}{|}}{C}H$—CHO　　CH_3—$\overset{\overset{CH_3}{|}}{C}H$—$CH_2$—$\overset{\overset{O}{\|}}{C}$—$CH_3$

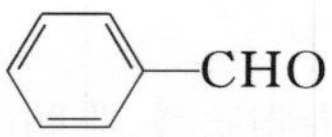

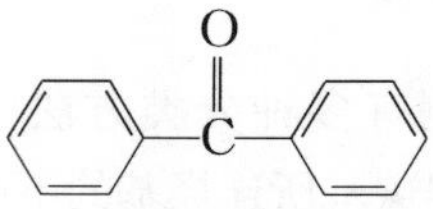

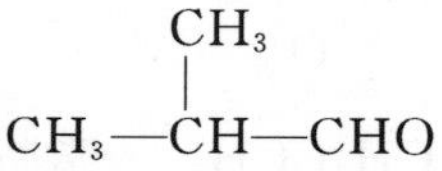

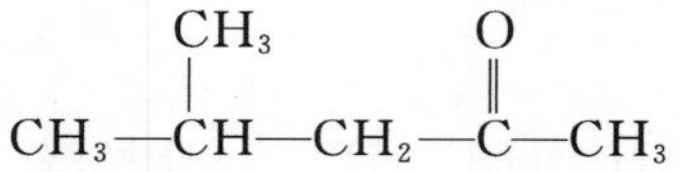

任务二　醛和酮的鉴定

【做一做】醛和酮的理化性质实验

实验器材：试管、烧杯、电热套。

实验药品：氢氧化钠（10%）、碳酸钠（10%）、硝酸银（2%）、6 mol/L 硝酸、盐酸（6 mol/L）、甲醛（37%）、乙醛（40%）、正丁醛、苯甲醛、斐林试剂、丙酮、氨水（1∶1）、甲醇、苯乙酮、异丙酮、2,4-二硝基苯肼、碘-碘化钾溶液、饱和亚硫酸氢钠（新配制）、乙醇（95%）、异丙醇。

组织形式：每 2～3 个同学为一实验小组，根据老师给出的引导步骤，自行完成实验。

任务内容：

1. 羰基加成反应

在 4 支干燥的已编号试管中，各加入新配制的饱和亚硫酸氢钠溶液 1 mL，然后分别加入 0.5 mL 37%甲醛溶液、正丁醛、苯甲醛、丙酮。振摇后放入冰水浴中冷却几分钟，取出观察有无结晶析出。

取出析出结晶的试管，倾去上层清液，向其中任意 2 支试管中加入 2 mL 10%碳酸钠溶液，向其余 2 支试管中加入 2 mL 稀盐酸溶液。振摇并稍稍加热，观察结晶是否溶解？有什么气味产生？记录现象并解释原因。

2. 缩合反应

在 5 支已编号的试管中，各加入 1 mL 新配制的 2,4-硝基苯肼试剂，再分别加入 5 滴 37%甲

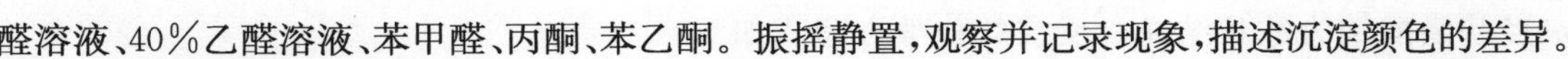

醛溶液、40%乙醛溶液、苯甲醛、丙酮、苯乙酮。振摇静置，观察并记录现象，描述沉淀颜色的差异。

3. 碘仿反应

在6支已编号的试管中，各加入5滴37%甲醛溶液、40%乙醛溶液、正丁醛、丙酮、95%乙醇、异丙醇，再各加入1 mL碘-碘化钾溶液，边振摇边分别滴加10%氢氧化钠溶液至碘的颜色刚好消失，反应液呈黄色为止。观察有无沉淀析出，将没有沉淀析出的试管置于60 ℃水浴中温热几分钟后取出，冷却，观察现象，记录并解释原因。

4. 氧化反应

①与托伦试剂(硝酸银的氨水溶液)反应。在3支洁净已编号的试管中各加入1 mL 2%的硝酸银溶液，边振摇边向其中滴加1∶1氨水。开始时出现棕色沉淀，继续滴加氨水，直至沉淀恰好溶解为止。再分别加入2～5滴37%甲醛溶液、苯甲醛、苯乙酮。用力振摇3支试管，会发现其中的1支试管内会立即生成银镜，记录现象并解释原因。另外2支试管不会生成银镜，请将这2支试管同时放入70 ℃左右水浴中，温热几分钟后取出，观察有无银镜生成，记录现象并解释原因。

②与斐林试剂反应。在4支已编号的试管中各加入0.5 mL斐林试剂，混匀后分别加入5滴37%甲醛溶液、40%乙醛溶液、苯甲醛、丙酮，充分振摇后，置于沸水浴中加热几分钟(注意水必须要沸腾)，取出观察现象差别，记录并解释原因。

注意事项：

①试管必须编号；

②银镜反应中，加入的氨水不能过量，否则效果不明显，其中甲醛的银镜反应效果最好；

③银镜反应中，试管必须洗干净，否则观察不到光亮的银镜；

④为了节约时间，可以在实验开始时用电热套加热一小烧杯水，用作实验过程的水浴加热和沸水加热；

⑤托伦试剂久置会析出黑色 Ag_2O 沉淀，它在振动时容易分解而发生爆炸，有时甚至潮湿的 Ag_2O 也能引起爆炸，故须现配现用；

⑥因斐林试剂中配合物的不稳定性，斐林试剂也需要临时配制。

实验记录(表7-1)：

表7-1 实验记录表

实验	实验现象	结论
实验1		
实验2		
实验3		
实验4-1		
实验4-2		

【任务解析】

1. 羰基加成反应

醛和酮的羰基都容易发生加成反应。醛和甲基酮与饱和亚硫酸氢钠溶液的加成产物

α-羟基磺酸钠为冰状结晶。反应的化学方程式如下：

$$\begin{matrix}R \\ (CH_3)H\end{matrix}\!\!>C{=}O + NaHSO_3 \rightleftharpoons \begin{matrix}R \\ (CH_3)H\end{matrix}\!\!>C<\!\!\begin{matrix}OH \\ SO_3Na\end{matrix}\downarrow$$

滤出醛或酮与亚硫酸氢钠的加成产物，加入 2～3 mL 稀盐酸，又可分解为原料的醛或酮，并有二氧化硫气体产生。

$$\begin{matrix}R \\ (CH_3)H\end{matrix}\!\!>C<\!\!\begin{matrix}OH \\ SO_3Na\end{matrix} \xrightarrow[\triangle]{HCl} \begin{matrix}R \\ (CH_3)H\end{matrix}\!\!>C{=}O + SO_2 + NaCl + H_2O$$

$$\begin{matrix}R \\ (CH_3)H\end{matrix}\!\!>C<\!\!\begin{matrix}OH \\ SO_3Na\end{matrix} \xrightarrow[\triangle]{Na_2CO_3} \begin{matrix}R \\ (CH_3)H\end{matrix}\!\!>C{=}O + Na_2SO_3 + CO_2 + H_2O$$

2. 缩合反应

醛和酮都能与 2,4-二硝基苯肼缩合生成具有固定熔点的黄色或橙红色沉淀。反应的化学方程式如下：

$$\begin{matrix}R \\ (R')H\end{matrix}\!\!>C{=}O + H_2NNH{-}C_6H_3(NO_2)_2 \longrightarrow \begin{matrix}R \\ (R')H\end{matrix}\!\!>C{=}NNH{-}C_6H_3(NO_2)_2\downarrow + H_2O$$

（苯环上 2 位、4 位为 NO_2）

2,4-二硝基苯腙

2,4-二硝基苯腙在稀酸作用下可水解成原来的醛或酮。因此，可利用这一反应来鉴定、分离和提纯醛或酮。

3. 碘仿反应

具有 $CH_3\overset{O}{\overset{\|}{C}}{-}$ 结构的醛、酮和能够被氧化成这种结构的醇类（如 $CH_3{-}\underset{OH}{\underset{|}{CH}}{-}$），可与次碘酸钠（$NaOH+I_2$）发生碘仿反应，生成淡黄色碘仿。反应的化学方程式如下：

$$H_3C{-}\overset{O}{\overset{\|}{C}}{-}R(H) \xrightarrow{NaIO} CHI_3\downarrow + (H)RCOONa$$

$$CH_3CH_2OH \xrightarrow{NaIO} CH_3CHO \xrightarrow{NaIO} CHI_3\downarrow + HCOONa$$

利用碘仿反应可鉴别甲基醛、酮和能够氧化成甲基醛、酮的醇类。

4. 氧化反应

①醛基上的氢原子非常活泼，容易发生氧化反应，较弱的氧化剂（如托伦试剂、斐林试剂）也能将醛氧化成羧酸。与托伦试剂作用的反应的化学方程式如下：

$$RCHO + 2Ag(NH_3)_2OH \xrightarrow{\triangle} RCOONH_4 + 2Ag\downarrow + 3NH_3 + H_2O$$

盛有甲醛与苯甲醛的试管壁上形成了明亮的银镜，甲醛形成银镜的速度最快。酮不能被托伦试剂氧化，可利用这一反应区别醛和酮。

②与斐林试剂作用的反应式如下：

$$RCHO+2Cu(OH)_2+NaOH \xrightarrow{\triangle} RCOONa+Cu_2O\downarrow+3H_2O$$

酮和芳香醛不能被斐林试剂氧化，可用该反应区别脂肪醛和芳香醛及芳香酮。另外，甲醛与斐林试剂作用生成单质铜，析出的铜吸附在洁净的玻璃器皿上，形成光亮的铜镜。因此，这一反应又称铜镜反应。反应的化学方程式如下：

$$HCHO+Cu(OH)_2+NaOH \xrightarrow{\triangle} HCOONa+Cu\downarrow+2H_2O$$

【知识链接】醛和酮的性质

一、物理性质

常温下，除甲醛是气体外，其余低级饱和醛都为液体，高级醛是固体。低级醛具有强烈刺激性气味，中级醛具有果香味，分子中含 9 个或 10 个碳的醛常用于香料工业中。低级酮是液体，具有令人愉快的气味，高级酮是固体。一些醛和酮的物理常数见表 7-2 所示。

表 7-2 常见醛和酮的物理常数

化合物	结构式	熔点/℃	沸点/℃	密度/($g\cdot cm^{-3}$)	水溶解度/($g\cdot 100\ mL^{-1}$)
甲醛	HCHO	−92.0	−19.5	0.185	55.0
乙醛	CH_3CHO	−123.0	20.8	0.781	溶
丙醛	CH_3CH_2CHO	−81.0	48.8	0.807	20.0
丙烯醛	$CH_2{=}CHCHO$	−87.7	53.0	0.841	溶
苯甲醛	C_6H_5—CHO	−26.0	179.0	1.046	0.33
丙酮	CH_3COCH_3	−95.0	56.0	0.792	溶
环己酮	环己基=O	−16.4	156.0	0.942	微溶
二苯酮	C_6H_5—CO—C_6H_5	48.0	306.0	1.098	不溶

由于醛、酮分子间不能形成氢键，故沸点比相对分子质量相近的醇和羧酸要低。但是羰基的极性使得其分子间偶极-偶极吸引作用增大，因此沸点仍然比相应的烷烃和醚类要高。

醛、酮的羰基氧原子与水分子中的氢原子可以形成分子间氢键，使水溶性增强。甲醛、乙醛易溶于水；随着分子中烃基比例增大，醛、酮的水溶性迅速降低。含 6 个碳以上的醛、酮几乎不溶于水，而溶于乙醚、苯等有机溶剂中。丙酮为无色有果香气的液体，极易溶于水，并能与各种有机溶剂混溶，是常用的有机溶剂，在医学检验中还可用作组织脱水剂。

正常人的血液中丙酮含量极低，糖尿病患者由于体内代谢紊乱，常有过量的丙酮从尿液中或随呼吸排出。

二、化学性质

(一)醛和酮的相似反应

由于醛和酮都含有羰基,所以它们具有许多相似的化学性质,主要表现在羰基的加成反应、α-H 的反应和还原反应等。但因羰基上所连的基团不完全相同,又使它们在性质上出现了一些差异。醛和酮的化学性质主要表现为:

1. 加成反应

醛、酮的羰基与碳碳双键类似,也是由一个 σ 键和一个 π 键组成,因此也能发生加成反应。

①与氢氰酸加成:醛、脂肪族甲基酮及含有 8 个以下碳原子的环酮都能与 HCN 作用,生成的产物称为 α-羟(基)腈,或称为 α-氰醇。

$$\begin{matrix}\mathrm{R}\\ \qquad\mathrm{C{=}O}\\ \mathrm{(CH_3)H}\end{matrix} + \mathrm{H{-}CN} \rightleftharpoons \mathrm{(CH_3)H{-}}\begin{matrix}\mathrm{R}\\ |\\ \mathrm{C}\\ |\\ \mathrm{CN}\end{matrix}\mathrm{{-}OH}$$

②与氨的衍生物加成:醛和酮可以与许多氨的衍生物(如羟胺、肼、2,4-二硝基苯肼等)发生亲核加成反应,并进一步脱水形成含有碳氮双键($\gt C{=}N{-}$)结构的化合物。其反应过程可用通式表示如下($H_2N{-}G$ 代表氨的衍生物):

$$\begin{matrix}\mathrm{R}\\ \qquad\mathrm{C{=}O}\\ \mathrm{(R')H}\end{matrix} + \mathrm{H_2N{-}G} \longrightarrow \left[\begin{matrix}\mathrm{R} & & \mathrm{OH}\\ & \mathrm{C} & \\ \mathrm{(R')H} & & \mathrm{NH{-}G}\end{matrix}\right] \xrightarrow{-\mathrm{H_2O}} \begin{matrix}\mathrm{R}\\ \qquad\mathrm{C{=}N{-}G}\\ \mathrm{(R')H}\end{matrix}$$

G 代表不同取代基,几种常见的氨的衍生物及其与醛、酮反应的产物见表 7-3。

表 7-3 氨的衍生物及其与醛、酮反应的产物

氨的衍生物	与醛酮反应的产物
$H_2N{-}OH$	$\begin{matrix}R\\ \quad C{=}N{-}OH\\ (R')H\end{matrix}$
$H_2N{-}NH_2$	$\begin{matrix}R\\ \quad C{=}N{-}NH_2\\ (R')H\end{matrix}$
$H_2N{-}NH{-}C_6H_5$	$\begin{matrix}R\\ \quad C{=}N{-}NH{-}C_6H_5\\ (R')H\end{matrix}$
$H_2N{-}NH{-}C_6H_3(NO_2)_2$(2,4-二硝基苯基)	$\begin{matrix}R\\ \quad C{=}N{-}NH{-}C_6H_3(NO_2)_2\\ (R')H\end{matrix}$

有机分析中常将氨的衍生物称为羰基试剂，因为它们可用于鉴别羰基化合物。它们与醛和酮反应的产物大多有一定的熔点和晶体，容易鉴别，尤其是 2,4-二硝基苯肼，它几乎能与所有的醛和酮迅速发生反应，生成橙黄或橙红色晶体，因此常用于鉴别醛和酮。

【拓展知识】与醇和格氏试剂加成

1. 与醇加成

在干燥的氯化氢存在下，一分子醛能与一分子醇发生亲核加成反应，生成半缩醛。半缩醛分子中新生成的羟基称为半缩醛羟基，半缩醛羟基较为活泼，很容易与过量的醇反应，失去一分子水生成稳定的缩醛。

$$R-\overset{\overset{\large O}{\|}}{C}-H + HOR' \xrightarrow{\text{干燥 HCl}} R-\underset{\underset{\large OR'}{|}}{\overset{\overset{\large OH}{|}}{C}}-H \xrightarrow[\text{干燥 HCl}]{HOR'} R-\underset{\underset{\large OR'}{|}}{\overset{\overset{\large OR'}{|}}{C}}-H + H_2O$$

缩醛是具有花果香味的液体，性质与醚相似。缩醛在碱性溶液中比较稳定，而在稀酸溶液中则易水解为原来的醛和醇，因此在药物合成中常利用生成缩醛来保护醛基。

2. 与格氏试剂反应

格氏试剂中碳镁键的极性较强，碳原子带部分负电荷，镁原子带部分正电荷（R—Mg），因此与镁相连的碳原子具有较强的亲核性，极易与羰基化合物发生亲核加成反应。加成产物再经水解，可生成醇。有机合成中利用该反应可以制备相应的醇。

$$>C=O + R-MgX \longrightarrow >C<^{R}_{OMgX} \xrightarrow{H_2O} >C<^{R}_{OH} + Mg<^{OH}_{X}$$

上述反应中，如果反应物为甲醛，产物则为伯醇；若反应物为其他醛或酮时，则得到仲醇或叔醇。例如：

$$\text{H}_2C=O \xrightarrow[\text{无水乙醚}]{CH_3MgX} CH_3-CH_2-OMgX \xrightarrow[H^+]{H_2O} CH_3CH_2OH$$

$$\text{(H)(}H_3C\text{)}C=O \xrightarrow[\text{无水乙醚}]{CH_3MgX} H_3C-\underset{\underset{\large CH_3}{|}}{\overset{\overset{\large H}{|}}{C}}-OMgX \xrightarrow[H^+]{H_2O} H_3C-\underset{\underset{\large CH_3}{|}}{\overset{\overset{\large H}{|}}{C}}-OH$$

$$\text{(}H_3C\text{)}_2C=O \xrightarrow[\text{无水乙醚}]{CH_3MgX} H_3C-\underset{\underset{\large CH_3}{|}}{\overset{\overset{\large CH_3}{|}}{C}}-OMgX \xrightarrow[H^+]{H_2O} H_3C-\underset{\underset{\large CH_3}{|}}{\overset{\overset{\large CH_3}{|}}{C}}-OH$$

2. α-H 的反应

醛、酮分子中与羰基相连的 α-C 原子上的氢原子，因受羰基的影响而变得活泼，称为 α-H。具有 α-H 的醛和酮可发生一系列反应，如卤代反应和碘仿反应。

在酸或碱的催化下，卤素（Cl_2，Br_2，I_2）与醛、酮分子中的 α-H 可迅速反应，生成 α-卤代醛、酮，如果控制卤素的用量，卤代反应可停止在一元或二元阶段。利用这个反应可以制备各种卤代醛、酮。

若醛和酮的 α-C 原子上有 3 个氢原子（如乙醛和甲基酮），且在碱催化下，则生成三卤代物。三卤代物在碱性溶液中不稳定，立即分解成三卤甲烷（卤仿）和羧酸盐，称为卤仿反应。常用的卤素是碘，反应产物则为碘仿，此反应称为碘仿反应。碘仿是不溶于水的黄色固体，并有特殊气味，易于观察。因此常用碘和氢氧化钠溶液来鉴别乙醛和甲基酮。

碘仿反应的过程分为三步：首先，碘和氢氧化钠生成次碘酸钠；然后，3 个 α-H 原子被碘取代生成三碘代物；最后，三碘代物分解成碘仿和羧酸盐。反应过程可表示为：

$$CH_3-\overset{\overset{\displaystyle O}{\|}}{C}-R(H) \xrightarrow{I_2,NaOH} CI_3-\overset{\overset{\displaystyle O}{\|}}{C}-R(H) \xrightarrow{NaIO} CHI_3\downarrow + (H)\ R-COONa$$

3. 还原反应

醛和酮都可以被还原。采用催化加氢，可使羰基还原为相应的醇羟基，醛还原成伯醇，酮还原成仲醇。

$$R-CHO + H_2 \xrightarrow{Pt,Pd 或 Ni} R-CH_2-OH \qquad 伯醇$$

$$\begin{matrix}R \\ & \diagdown \\ & & C{=}O + H_2 \\ & \diagup \\ R'\end{matrix} \xrightarrow{Pt,Pd 或 Ni} \begin{matrix}R \\ & \diagdown \\ & & CH-OH \\ & \diagup \\ R'\end{matrix} \qquad 仲醇$$

除催化加氢外，还可用金属氢化物作为还原剂，如硼氢化钠、氢化铝锂等，它们都是选择性还原剂，分子中的碳碳双键可不被还原。例如：

$$CH_2{=}CH-CHO \xrightarrow[或 NaBH_4]{LiAlH_4} CH_2{=}CH-CH_2OH \qquad 2\text{-}丙烯\text{-}1\text{-}醇$$

利用醛或酮的还原反应，可以制备相应的醇。

（二）醛的特征反应

1. 氧化反应

在醛分子中，醛基上的氢原子由于受羰基的影响变得比较活泼，易被氧化，即使是一些弱氧化剂也能将其氧化成羧酸，因此醛具有较强的还原性。常见的弱氧化剂有托伦（Tollens）试剂和斐林（Fehling）试剂。

①银镜反应：托伦试剂是一种无色的银氨配合物溶液，其中 Ag^+ 起着氧化剂作用，当它与醛共热时，醛被氧化为羧酸，而它本身被还原为金属银，附着在洁净的试管壁上，形成光亮的银镜，因此该反应也称为银镜反应。其反应可表示为：

$$(Ar)R—CHO+2[Ag(NH_3)_2]OH \xrightarrow{\triangle} (Ar)R—COONH_4+2Ag\downarrow+H_2O+3NH_3$$

②斐林试剂：斐林试剂含有 Cu^{2+} 的配离子，它具有弱氧化性，可将脂肪醛氧化成相应的羧酸，而 Cu^{2+} 被还原为砖红色的氧化亚铜（Cu_2O）沉淀。甲醛因还原性强，可进一步把氧化亚铜还原为铜，在洁净的试管内壁上形成铜镜。其反应可表示为：

$$R—CHO+Cu^{2+}(配离子)+2H_2O \xrightarrow{\triangle} R—COO^-+Cu_2O\downarrow+5H^+$$

$$H—CHO+Cu^{2+}(配离子)+H_2O \xrightarrow{\triangle} HCOO^-+2Cu\downarrow+3H^+$$

只有脂肪醛能被斐林试剂氧化，而芳香醛则不能，因此可用斐林试剂鉴别脂肪醛和芳香醛。

酮不能被托伦试剂和斐林试剂氧化，所以可用这两种试剂来鉴别醛和酮。但酮能被氧化剂（如高锰酸钾、硝酸等）氧化，并使碳碳键断裂，生成小分子羧酸的混合物。

2. 与希夫试剂反应

品红是一种红色的染料，将二氧化硫通入品红的水溶液中后，品红的红色褪去，得到的无色溶液称为品红亚硫酸试剂，又称希夫（Schiff）试剂。醛与希夫试剂作用可显紫红色，这一显色反应非常灵敏，所以可用这种试剂来鉴别醛类化合物。使用希夫试剂时，溶液中不能有碱性物质和氧化剂，否则会消耗试剂中的亚硫酸，使溶液恢复品红的颜色，而出现误差。

【拓展知识】常见的醛和酮

1. 甲醛（HCHO）

甲醛俗称蚁醛。在常温下，它是具有强烈刺激性气味的无色气体，易溶于水。甲醛有凝固蛋白质的性质，因此具有杀菌防腐能力。40%的甲醛水溶液俗称福尔马林（Formalin），是常用的消毒剂和防腐剂。

甲醛很容易发生聚合反应，在常温下即能自动聚合，生成具有环状结构的三聚甲醛。福尔马林长时间放置后，会产生混浊或沉淀，这是由于甲醛自动聚合形成多聚甲醛的缘故，三聚甲醛和多聚甲醛经加热后，又可分解为甲醛。

甲醛与浓氨水作用，生成一种环状结构的白色晶体，称为环六亚甲基四胺（$C_6H_{12}N_4$），药名为乌洛托品，在医药上用作利尿剂及尿道消毒剂。

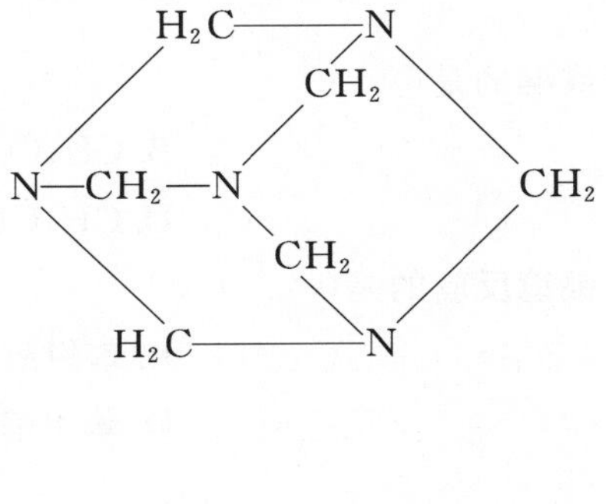

```
      H2C———————N
     /        CH2 \
    /        /     \
N—CH2—N           CH2
    \        \     /
     \        CH2 /
      H2C———————N
```

2. 乙醛(CH_3CHO)

乙醛是一种无色、有刺激性气味、易挥发的液体，沸点为 21 ℃，可溶于水、氯仿和乙醇等溶剂中。乙醛是重要的工业原料，可用于制造乙酸、乙醇和季戊四醇等。

三氯乙醛是乙醛的一个重要衍生物，它易与水结合生成水合氯醛。水合氯醛是无色棱柱形晶体，有刺激性气味，味略苦，易溶于水、乙醚及乙醇。其10%水溶液在临床上作为长时间作用的催眠药，用于失眠、烦躁不安及惊厥，使用安全，不易引起蓄积中毒，但对胃有刺激性，不宜做口服药物，用灌肠法给药，药效较好。

3. 苯甲醛 (C_6H_5—CHO)

苯甲醛是最简单的芳香醛，它常与糖类物质结合存在于杏仁、桃仁等许多果实的种子中，尤以苦杏仁中含量最高，所以将苯甲醛称为苦杏仁油。苯甲醛为无色液体，沸点为 179 ℃，微溶于水，易溶于乙醇和乙醚中。

苯甲醛很容易被空气氧化成白色的苯甲酸晶体，因此在保存苯甲醛时常加入少量的对苯二酚作为抗氧化剂。

苯甲醛在工业上是一种重要的化工原料，用于制备药物、染料、香料等。

4. 丙酮 (CH_3—CO—CH_3)

丙酮是最简单的酮，为无色、易挥发、易燃的液体，沸点为 56.5 ℃，具有特殊气味；与水能以任意比例混溶，还能溶解多种有机化合物，因此它是一种很重要的有机溶剂。

在生物化学变化中，丙酮是糖类物质的分解产物，正常人的血液中丙酮的含量很低，但当人体糖代谢出现紊乱如患糖尿病时，脂肪加速分解可产生过量的丙酮，成为酮体的组成成分之一，从尿中排出或随呼吸呼出。临床上检查患者尿中是否含有丙酮，常用亚硝酰铁氰化钠溶液和氨水(或氢氧化钠溶液)来检验，如有丙酮存在，即呈现红色，也可以用碘仿反应来检验。

课后习题

一、单项选择题

1. 下列官能团中，属于醛基的是(　　)

A. —OH　　B. —CHO

C. $>C=C<$　　D. —O—

2. 下列物质中，不属于醛或酮的是(　　)

A. $C_2H_5OC_2H_5$　　B. CH_3COCH_3

C. CH_2═CHCHO　　D. CH_3CHO

3. 下列化合物中，能发生银镜反应的是(　　)

A. 丙酮　　B. 苯甲醚

C. 苯酚　　D. 苯甲醛

4. 下列各组物质中，能用斐林试剂来鉴的是(　　)

A. 苯甲酸和苯乙醛　　B. 乙醛和丙醛

C. 丙醛和苯乙醛　　D. 甲醇和乙醇

5. 常用作生物标本防腐剂的“福尔马林”是(　　)

A. 40%甲醇溶液　　B. 40%甲醛溶液

C. 40%丙酮溶液　　D. 40%乙醇溶液

6. 下列试剂中，不能用来鉴别丙醛与丙酮的是(　　)

A. 溴水　　B. 希夫试剂

C. 托伦试剂　　D. 斐林试剂

7. 丁醛和丁酮的关系是(　　)

A. 同位素　　B. 同一种化合物

C. 同系物　　D. 同分异构体

8. 下列各组化合物中，能用2,4-二硝基苯肼来鉴别的是(　　)

A. 乙醚和乙醇　　B. 丙醛和丙酮

C. 乙醇和乙醛　　D. 苯甲醛和苯乙酮

9. 下列化合物中，能与斐林试剂反应生成铜镜的是(　　)

A. 环己酮　　B. 乙醛

C. 甲醛　　D. 丙酮

10. 下列化合物中，能与斐林试剂反应生成砖红色沉淀的是(　　)

A. 乙烷　　B. 乙醚

C. 乙醛　　D. 丙酮

11. 托伦试剂的主要成分是(　　)

A. 亚铜氨溶液　　B. 银氨溶液

C. 三氯化铁溶液　　D. 高锰酸钾溶液

12. $CH_3CH=CHCHO$的名称是(　　)

A. 2-丁烯醛　　B. 2-丁烯酮

C. 2-丁烯　　D. 丁醛

二、命名下列物质或写出其结构简式

1. 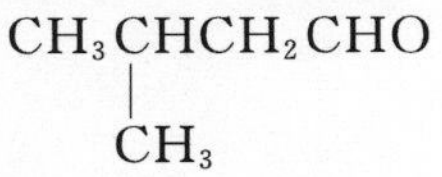 CH_3CHCH_2CHO（2号碳上连 CH_3）

2. $CH_3CCH_2CH—CH_3$（2号碳上为 $=O$，4号碳上连 CH_3）

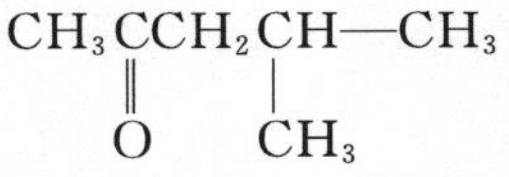

3. $CH_3CH=CHCHO$

4. 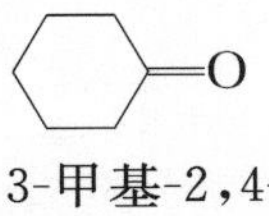 （环己酮结构式）=O

5. 苯甲醛

6. 3-甲基-2,4-戊二酮

7. 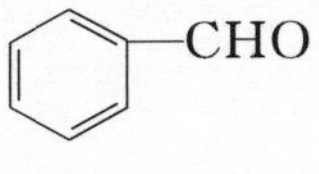 （苯环）—CHO

8. 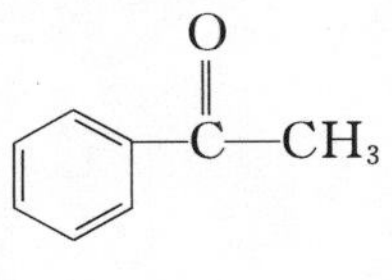 （苯环）—C(=O)—CH_3

三、完成下列反应方程式

1. $CH_3COCH_3 \xrightarrow{2,4\text{-二硝基苯肼}}$

2. 环戊酮 $\xrightarrow{HCN}$

3. $CH_3-CHO \xrightarrow{I_2,NaOH}$

4. $CH_3-CHO \xrightarrow[\text{无水乙醚}]{CH_3MgX} \xrightarrow[H^+]{H_2O}$

5. $CH_3CHO + H_2 \xrightarrow{Pt}$

四、请用化学方法鉴别下列各组物质。

1. 甲醛、乙醛和苯甲醛

2. 乙醇、乙醛和丙酮

项目八　苯甲酸的重结晶

知识目标

掌握羧酸的分类、命名方法；
掌握羧酸的性质；
理解重结晶的原理；
掌握重结晶的操作方法。

技能目标

能够通过实验鉴别羧酸；
能够正确进行重结晶操作；
能够使用重结晶方法提纯苯甲酸。

素质目标

培养小组成员间的团队协作能力；
培养学生的动手能力和实验室安全意识；
培养良好的实验习惯和养成良好的职业素养。

任务一　初识羧酸

【子任务】认识苯甲酸的结构

通过查阅资料，学习和掌握苯甲酸的结构。

阅读材料：阿司匹林

阿司匹林从最早被研制的纯水杨酸到经霍夫曼改进的乙酰水杨酸，直至后来的阿司匹林被拜耳引入医疗领域，一路走来已有百余年的历史。阿司匹林是处方药又是非处方药(OTC)，此药可影响下丘脑内强致热因子前列腺素的合成，使体温中枢恢复调节体温的正常功能。阿司匹林还具有镇痛、消炎和抑制血小板聚集的作用。现在阿司匹林已被广泛用于临床，尤其在心脑血管疾病的防治方面已处于重要的基石地位。

阿司匹林小妙用：插花的水中加入阿司匹林可保持花不凋谢。把小片阿司匹林溶液与洗发水混合，长期使用可以去头屑。阿司匹林加水洗脸可去黑头。

【任务解析】苯甲酸的结构

苯甲酸，又称安息香酸，分子式为 $C_7H_6O_2$。如图 8-1 所示，其分子由一个羧基直接连在苯环上构成。以游离酸、酯或其衍生物的形式广泛存在于自然界中。苯甲酸是具有苯或甲醛气味的鳞片状或针状结晶。相对密度(d_4^{15})1.2659,熔点 122.13 ℃,沸点 249 ℃。在 100 ℃时迅速升华,它的蒸气有很强的刺激性,吸入后易引起咳嗽。微溶于水,易溶于乙醇、乙醚等有机溶剂。苯甲酸是弱酸,化学性质活泼,能形成盐、酯、酰卤、酰胺、酸酐等,但不易被氧化。苯甲酸广泛用于医药、染料载体、增塑剂、香料和食品防腐剂等的生产,也用于醇酸树脂涂料的性能改进。

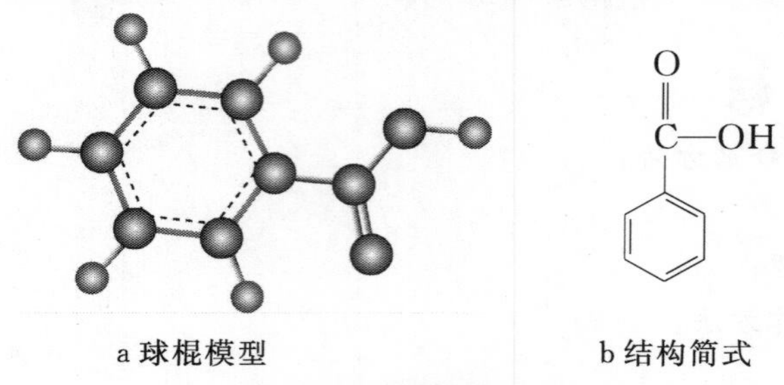

a 球棍模型　　　　b 结构简式

图 8-1　苯甲酸的结构

【知识链接】羧酸的分类与命名

一、分类

羧酸有多种分类方法,根据所连烃基的不同可分为脂肪酸、脂环酸和芳香酸。例如:

CH_3—COOH　　　(环戊基)—COOH　　　(苯基)—CH_2COOH

脂肪酸　　　脂环酸　　　芳香酸

其中脂肪酸又可分为饱和酸和不饱和酸。

也可根据分子中所含羧基数目的不同,将羧酸分为一元酸、二元酸和多元酸。例如:

CH_3—CH_2—COOH　　　HOOC—COOH

丙酸　　　乙二酸

二、命名

1. 习惯命名

羧酸常用俗名,通常是根据其来源而命名。如甲酸是干馏蚂蚁得到的,故称为蚁酸;乙酸存在于食醋中,所以称为醋酸;苯甲酸是从安息香树胶中得到的,因此称为安息香酸;乙二酸常存在草本植物中,所以称为草酸;丁二酸最初由蒸馏琥珀而得到,因而称为琥珀酸。

2. 系统命名法

系统命名法命名原则及步骤如下:

(1)脂肪族羧酸

选主链(母体)。选择连有羧基的最长的碳链作为主链,支链看作取代基。例如:

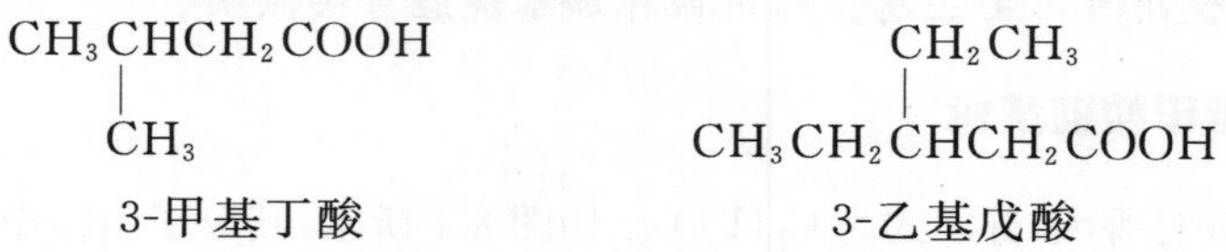

3-甲基丁酸　　　3-乙基戊酸

对于不饱和酸，则选含有不饱和键和羧基在内的最长碳链为主链，称为某烯酸或某炔酸，并标明不饱和键的位次。例如：

$CH_2{=}CH{-}COOH$　　2-丙烯酸

$CH_3{-}CH{=}CH{-}COOH$　　2-丁烯酸（巴豆酸）

(2)芳香族羧酸

命名时若羧基连在芳香环侧链上，则将侧链作为母体，芳环作为取代基；若羧基直接与芳环相连，则芳香环与羧基一起做母体，例如：

$C_6H_5{-}CH(CH_2CH_3){-}COOH$　　2-苯基丁酸

$H_3C{-}C_6H_4{-}COOH$　　对甲基苯甲酸

3.俗名

羧酸广泛存在于自然界中并被人们认识，因此很多羧酸有俗名，这些俗名是从最初的来源命名的。例如：

$o\text{-}HO{-}C_6H_4{-}COOH$　　水杨酸

$CH_3{-}CH{=}CH{-}COOH$　　巴豆酸

$C_6H_5{-}CH{=}CH{-}COOH$　　肉桂酸

【练一练】给下列物质分类和命名

$CH_3CH(CH_2CH_3)CH_2COOH$

$o\text{-}CH_3{-}C_6H_4{-}COOH$

$o\text{-}HO{-}C_6H_4{-}COOH$

$HOOC{-}CH_2{-}COOH$

$HO{-}C(=O){-}CH_2{-}CH_2{-}C(=O){-}OH$

$CH_2{=}C(CH_3){-}C(=O){-}OH$

$HOOC{-}COOH$

$CH_2{=}CH{-}C(=O){-}OH$

任务二　羧酸的鉴定

【做一做】常见羧酸的理化性质实验

实验器材：圆底烧瓶、铁架台、硬质玻璃管、单孔胶塞、小试管、玻璃导管、橡胶导管、玻璃棒。

实验药品：甲酸、蚁酸、草酸、苯甲酸、氢氧化钠、硫酸、盐酸、乙醇、氯化钠、刚果红试纸、石灰水、饱和碳酸钠溶液、乙酰氯、硝酸银溶液。

组织形式：分组完成下列实验，并记录实验现象。

实验内容：

羧酸的性质实验：

(1)酸性实验

将甲酸、乙酸、草酸各5滴，分别溶于2 mL水溶液中，用洗净的玻璃棒分别蘸取相应的酸液在同一条刚果红试纸上画线，比较各线条的颜色和深浅程度。

(2)成盐反应

取0.2 g苯甲酸晶体放入盛有1 mL水的试管中，加入10%氢氧化钠溶液数滴，振荡并观察现象，接着再加数滴10%盐酸，振荡并观察所发生的变化。

(3)加热分解作用

如图8-2所示，将甲酸和冰醋酸(乙酸)各1 mL及草酸1 mL分别放入3支带有导管的小试管中，导管的末端分别伸入3支各自盛有1～2 mL石灰水的试管中(导管要插入石灰水中)。加热试样，当有连续气泡发生时观察现象。

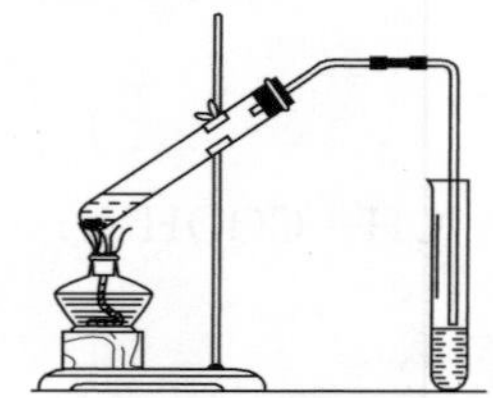

图8-2　羧酸的加热分解

(4)成酯反应

在干燥的小试管中加入1 mL无水乙醇和1 mL冰醋酸，再加入0.2 mL浓硫酸，振摇均匀后浸在60～70 ℃的热水浴中约10 min。产生的蒸气经导管通到饱和碳酸钠溶液的液面上。这时可看到有透明的油状液体产生并可闻到香味(注意导管不能插入饱和碳酸钠溶液中)。

注意事项：注意酸碱的腐蚀性。

实验记录(表8-1)：

表8-1　实验记录表

实验	实验操作	现象	结论
实验1			
实验2			
实验3			
实验4			

【任务解析】

1. 酸性

一般羧酸的p*K*a在3.5～5，有一定的酸性，能够使刚果红试纸显蓝紫色，酸性越强，颜色越深。对于甲酸、乙酸和草酸，p*K*a分别为3.77、4.76和1.23，说明草酸的酸性最强，其次是甲酸和乙酸。

2. 成盐反应

羧酸能与氢氧化钠溶液作用生成盐，生成的羧酸盐与强无机酸作用，则又转化为羧酸。例如：苯甲酸不溶于水，与氢氧化钠反应生成苯甲酸钠溶于水，加入盐酸后又生成不溶于水的苯甲酸。反应的化学方程式：

$$C_6H_5COOH + NaOH \longrightarrow C_6H_5COONa + H_2O$$

$$C_6H_5COONa + HCl \longrightarrow C_6H_5COOH \downarrow + NaCl$$

3. 脱羧反应

羧酸在空气中加热易脱去二氧化碳，称为脱羧反应。生成的二氧化碳通入石灰水生成碳酸钙，石灰水变混浊。反应的化学方程式为：

$$HOOC—COOH \xrightarrow{\triangle} CO_2\uparrow + CO\uparrow + H_2O$$

$$CO_2 + Ca(OH)_2 = CaCO_3\downarrow + H_2O$$

4. 成酯反应

在强酸(如浓 H_2SO_4)催化下，羧酸和醇生成羧酸酯的反应称为酯化反应。例如，乙醇和冰醋酸在浓硫酸作用下生成乙酸乙酯，生成的酯为有香味的透明油状液体，浮于水面。反应的化学方程式：

$$CH_3—\overset{\overset{\displaystyle O}{\|}}{C}—OH + H—O—CH_2CH_3 \overset{H^+}{\rightleftharpoons} CH_3—\overset{\overset{\displaystyle O}{\|}}{C}—O—CH_2CH_3 + H_2O$$

【知识链接】羧酸的性质

一、物理性质

1. 状态

饱和一元羧酸中，C_3以下的羧酸是具有强烈酸味的刺激性液体，$C_4 \sim C_9$的羧酸是具有腐败臭味的油状液体，C_{10}以上的羧酸为蜡状固体。脂肪族二元羧酸及芳香羧酸都是结晶固体。

2. 溶解性

低级脂肪族一元羧酸可与水混溶，随着碳原子的增加而溶解度降低。芳香酸的水溶性极差。这是由于羧基是个亲水基团，可与水分子形成氢键，而随着烃基的增大，羧基在分子中的影响逐渐减小的缘故。

3. 沸点和熔点

饱和一元羧酸的沸点比相对分子质量相近的醇高。例如，乙酸与丙醇的相对分子质量均为60，但乙酸的沸点为118 ℃，而丙醇的沸点为97.2 ℃。这是由于羧酸分子间能以两个氢键形成双分子缔合的二聚体。即使在气态时，也是以二聚体形式存在的。

羧酸分子间的氢键比醇分子中的氢键更稳定。

饱和一元羧酸的沸点和熔点变化总趋势都是随着碳链增长而升高，但熔点变化的特点是呈锯齿状上升，即含偶数碳原子羧酸的熔点比前后两个相邻的含奇数碳原子羧酸的熔点高。这是由于偶数碳羧酸具有较高的对称性，晶格排列得更紧密，因而熔点较高。

4. 挥发性

芳香族羧酸一般可以升华，有些能随水蒸气挥发。利用这一特性可以从混合物中分离与提纯芳香酸。常见羧酸的物理常数见表 8-2。

表 8-2　常见羧酸的物理常数

系统名	熔点/℃	沸点/℃	溶解度 / $g \cdot 100\ g\ 水^{-1}$	pK_a	
				pK_a 或 pK_{a1}	pK_{a2}
甲酸	8.4	100.7	∞	3.77	
乙酸	16.6	118	∞	4.76	
丙酸	－21	141	∞	4.88	
丁酸	－5	164	∞	4.82	
戊酸	－34	186	3.7	4.86	
己酸	－3	205	1.0	4.85	
十二酸	44	225	不溶		
十四酸	54	251	不溶		
十六酸	63	390	不溶		
十八酸	71.5	360	不溶	6.37	
丙烯酸	13	141.6	溶	4.26	
乙二酸	189	157	溶	1.23	4.19
丙二酸	136	140	易溶	2.83	5.69
丁二酸	188	235	微溶	4.16	5.61
己二酸	153	330.5	微溶	4.43	5.41
苯甲酸	122.4	249	0.34	4.19	
邻苯二甲酸	231		0.70	2.89	5.41
对苯二甲酸	300		0.002	3.51	4.82

二、化学性质

羧酸的化学反应主要发生在羧基上，而羧基是由羟基和羰基组成的，因此羧酸在不同程度上反映了羟基和羰基的性质，但羧酸的性质并不是这两类官能团性质的简单加和。羟基与羧基形成一个整体后，由于存在 p-π 共轭效应，使羟基氧原子上的电子云密度降低，增加了氢氧间的极性，使氢原子易离解为质子，因此羧酸有明显的酸性。同时羰基的正电性降低，通常不易发生类似醛、酮的亲核加成反应。

1. 酸性

一般羧酸的 pK_a 在 3.5～5，有一定的酸性，能与氢氧化钠溶液作用生成盐，也能分解碳酸氢盐和碳酸盐而放出二氧化碳，例如：

$$CH_3COOH + NaOH \longrightarrow CH_3COONa + H_2O$$

$$CH_3COOH + NaHCO_3 \longrightarrow CH_3COONa + CO_2\uparrow + H_2O$$

而羧酸盐与强无机酸作用，则又转化为羧酸：

$$CH_3COONa + HCl \longrightarrow CH_3COOH + NaCl$$

注意：离解常数 K_a 给予分子的酸性或碱性以定量的量度，K_a 增大，对于质子给予体来说，其酸性增加；K_a 减小，对于质子接受体来说，其碱性增加。pK_a 是 K_a 的负对数，K_a 越大，pK_a 越小，即 pK_a 越小，酸性越强。

由此可见，羧酸的酸性比强无机酸的酸性要弱，但比碳酸（pK_a＝6.38）的酸性强。这一性质常用于羧酸与酚的鉴别、分离。羧酸既溶于氢氧化钠，也溶于碳酸氢钠（有 CO_2 气体放出）；酚溶于氢氧化钠溶液，但不溶于碳酸氢钠溶液。

饱和一元羧酸中，甲酸的酸性最强（见表 8-3）。

表 8-3　饱和一元酸的酸度系数

	$HCOOH$	CH_3COOH	CH_3CH_2COOH	
pK_a	3.77	4.76	4.88	
	Cl_3CCOOH	$Cl_2CHCOOH$	$ClCH_2COOH$	CH_3COOH
pK_a	0.65	1.29	2.86	4.76
	$CH_3CH_2CH(Cl)COOH$	$CH_3CH(Cl)CH_2COOH$	$CH_2(Cl)CH_2CH_2COOH$	
pK_a	2.86	4.05	4.52	

讨论：如何将己醇、己酸和对甲苯酚的混合物分离，得到各种纯组分？

2. 羟基被取代的反应

羧酸分子中的羟基可被卤素（—Cl、—Br、—I）、酰氧基（RCOO—）、烷氧基（RO—）、氨基（—NH_2）取代，生成羧酸衍生物，生成物分别为酰卤、酸酐、酯和酰胺。

(1)酰卤的生成

羧酸与三氯化磷、五氯化磷、二氯亚砜（$SOCl_2$）等作用时，分子中的羟基被卤原子取代，生成酰卤。例如：

$$3CH_3CH_2COOH + PCl_3 \xrightarrow{45\ ℃} 3CH_3CH_2COCl + H_3PO_3$$

$$C_6H_5\text{—}COOH + 2SOCl_2 \longrightarrow C_6H_5\text{—}COCl + HCl\uparrow + SO_2\uparrow$$

其中二氯亚砜是较好的试剂，因为反应生成的二氧化硫、氯化氢都是气体，容易与酰氯分离，故实用性较强。酰氯非常活泼，易水解，通常用蒸馏法将产物分离。

(2)酸酐的生成

羧酸在脱水剂（如五氧化二磷、乙酸酐等）作用下，脱水生成酸酐。例如：

$$2CH_3CH_2COOH \xrightarrow[\triangle]{P_2O_5} (CH_3CH_2CO)_2O + H_2O$$

乙酸酐能迅速地与水反应生成沸点较低的乙酸，可通过分馏除去，价格又较低廉，因此常用乙酸酐作为制备其他酸酐时的脱水剂。例如：

$$2\ C_6H_5COOH \xrightarrow{(CH_3CO)_2O} C_6H_5-\overset{O}{\overset{\|}{C}}-O-\overset{O}{\overset{\|}{C}}-C_6H_5$$

苯甲酸酐

一些二元酸不需脱水剂，直接加热就可使分子内脱水生成酸酐。例如：

$$HOOC-CH=CH-COOH\ (顺式) \xrightarrow{150\ ℃} 顺丁烯二酸酐 + H_2O$$

顺丁烯二酸酐(95%)

$$C_6H_4(COOH)_2\ (邻位) \xrightarrow{230\ ℃} 邻苯二甲酸酐$$

邻苯二甲酸酐(100%)

$$H_2C(CH_2-COOH)_2 \xrightarrow{300\ ℃} 戊二酸酐 + H_2O$$

戊二酸酐

(3)酯的生成

在强酸(如浓 H_2SO_4)催化下，羧酸和醇生成羧酸酯的反应称为酯化反应。例如：

$$RCOOH + R'OH \overset{H^+}{\rightleftharpoons} RCOOR' + H_2O$$

酯化反应是可逆反应，要提高酯的产率，一种方法是增加反应物的用量，通常使用过量的醇；另一种方法是从反应体系中蒸出沸点较低的生成物，使平衡向右移动。酯化反应的活性次序为：

酸相同时：$CH_3OH > RCH_2OH > R_2CHOH > R_3COH$

醇相同时：$HCOOH > CH_3COOH > RCH_2COOH > R_2CHCOOH > R_3COOH$

成酯方式上：伯醇和仲醇为酰氧断裂历程，叔醇为烷氧断裂历程。例如：

$$CH_3-\overset{O}{\overset{\|}{C}}-OH + H-O-CH_2CH_3 \overset{H^+}{\rightleftharpoons} CH_3-\overset{O}{\overset{\|}{C}}-O-CH_2CH_3 + H_2O$$

酰氧断裂

$$CH_3-\overset{O}{\overset{\|}{C}}-O-H + H-O-C(CH_3)_2-CH_3 \overset{H^+}{\rightleftharpoons} CH_3-\overset{O}{\overset{\|}{C}}-O-C(CH_3)_2-CH_3 + H_2O$$

烷氧断裂

想一想：厨师烧鱼时常加醋并加点酒，这样鱼的味道就变得特别香醇，非常美味，为什么？

(4)酰胺的生成

羧酸与氨或胺反应，先生成铵盐，然后加热脱水形成酰胺。例如：

$$CH_3CH_2COOH + NH_3 \longrightarrow \underset{\text{丙酸铵}}{CH_3CH_2COONH_4} \xrightarrow[\triangle]{-H_2O} \underset{\text{丙酰胺}}{CH_3CH_2CONH_2}$$

羧酸与芳胺作用可直接得到酰胺：

$$CH_3COOH + C_6H_5{-}NH_2 \xrightarrow{\triangle} CH_3{-}\overset{\overset{\large O}{\|}}{C}{-}NH{-}C_6H_5 + H_2O$$

3. 羧酸的还原反应

羧酸一般条件下不易被还原。在实验室中常用强还原剂氢化铝锂($LiAlH_4$)，将羧酸还原成醇。例如：

$$CH_3CH_2COOH + LiAlH_4 \longrightarrow CH_3CH_2CH_2OH$$

$$C_6H_5{-}COOH + LiAlH_4 \longrightarrow C_6H_5{-}CH_2OH$$

此法不但产率高，而且不影响分子中的碳碳不饱和键。例如：

$$CH_3CH{=}CHCOOH + LiAlH_4 \longrightarrow CH_3CH{=}CHCH_2OH$$

但由于 $LiAlH_4$ 价格昂贵。因此仅限于实验室使用。

通过催化氢化将羧酸还原为醇，需要在高温(250 ℃)、高压(10 MPa)下进行，比醛酮还原所需的条件高得多，因此在醛酮还原条件下羧酸不受影响。例如：

$$CH_3\overset{\overset{\large O}{\|}}{C}CH_2CH_2COOH \xrightarrow[25\ ℃]{H_2, Ni} CH_3\overset{\overset{\large OH}{|}}{C}HCH_2CH_2COOH$$

4. 脱羧反应

羧酸脱去二氧化碳的反应称为脱羧反应。羧酸的碱金属盐与碱石灰(NaOH＋CaO)共热，发生脱羧反应，生成比原料少一个碳原子的烷烃。反应的化学方程式如下：

$$CH_3COONa \xrightarrow[\triangle]{NaOH+CaO} CH_4\uparrow + Na_2CO_3$$

该反应由于副反应多，产率低，在合成上无实用价值。只在实验室中用于少量甲烷的制备。

【练一练】酸性强弱的比较实验

醋酸可以除去水垢，说明其酸性比碳酸的酸性强。前面我们学习了苯酚的酸性，那么乙酸、碳酸和苯酚的酸性谁强呢？请按提供的仪器(见图 8-3)，设计出一个一次性完成的实验装置来证明它们三者的酸性强弱？

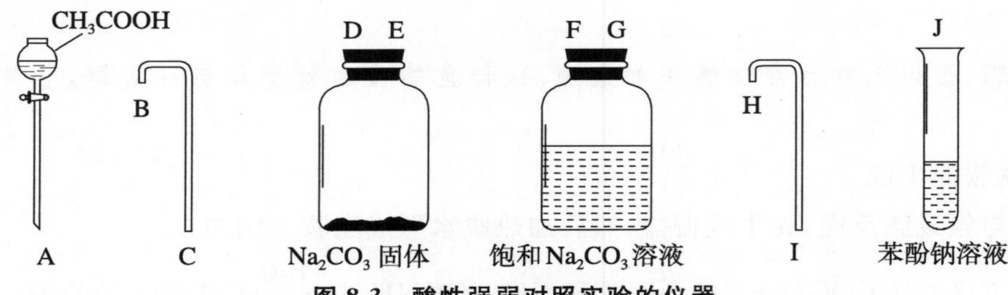

图 8-3 酸性强弱对照实验的仪器

注：D、E、F、G 分别是双孔胶塞上的孔。

【拓展知识】常见的羧酸

1. 甲酸(HCOOH)

甲酸俗称蚁酸，它也存在于许多昆虫的分泌物及某些植物(如荨麻、松叶)中。甲酸为无色有刺激性气味的液体，沸点为 100.5 ℃，可与水混溶。甲酸有很强的腐蚀性，被蚂蚁或蜂类蜇咬后会引起皮肤红肿、痛痒，就是由于甲酸刺激引起的。12.5 g · L^{-1} 的甲酸水溶液为蚁精，可用于治疗风湿症。

甲酸的结构特殊，它的羧基直接与氢原子相连，甲酸的结构式为：

醛 ⟶ $H-\overset{\overset{\large O}{\|}}{C}-OH$ ⟵ 羧

从结构上看，甲酸分子中既有羧基又有醛基，因而表现出一些与它的同系物不同的化学性质。

①甲酸的酸性比其他饱和一元酸强。

②甲酸具有还原性，能发生银镜反应和斐林反应，还能使高锰酸钾溶液褪色。这些反应常用于鉴别甲酸。甲酸常用作还原剂，也可用作消毒防腐剂。

2. 乙酸(CH_3COOH)

乙酸俗称醋酸。食醋中含醋酸 60～80 g · L^{-1}。醋酸是有强烈刺激性酸味的无色液体，沸点为 118 ℃，熔点为 16.6 ℃，能与水混溶。纯醋酸在室温低于 6.5 ℃时，结成冰状固体，所以又称为冰醋酸。

医药上常用 5～20 g · L^{-1} 的醋酸溶液作为消毒防腐剂，用于烫伤或灼伤感染的创面洗涤。

3. 苯甲酸(C_6H_5—COOH)

苯甲酸又称安息香酸，为白色结晶，熔点为 121.7 ℃，难溶于冷水，易溶于热水、乙醇、乙醚和氯仿。苯甲酸可用于制药、染料和香料行业，其钠盐具有抑菌、防腐作用，对人体毒性很小，常用作食品、饮料和药物的防腐剂。苯甲酸也可用作治疗真菌感染(如疥疮及各种癣)的药物。

4. 乙二酸(HOOC—COOH)

乙二酸俗称草酸，草酸是无色结晶，通常含两分子结晶水，溶于水和乙醇。加热到 100 ℃，失去结晶水得到无水草酸，草酸有毒。

二元羧酸的酸性比一元羧酸强，草酸的酸性比其他二元羧酸强。这是因为草酸中的两个羧基直接相连，由于一个羧基对另一个羧基的吸电子诱导效应，使得后者中的氢氧键极性增大，更易解离出质子。

草酸具有还原性，易被氧化，分析化学中常用草酸钠标定高锰酸钾溶液的浓度。高价铁盐可被草酸还原成易溶于水的二价铁盐，所以可用草酸溶液去除铁锈或蓝黑墨水的污渍。草酸与钙离子反应生成溶解度很小的草酸钙，可用于钙离子的定性和定量测定。

5. 丁二酸（$HOOC—CH_2—CH_2—COOH$）

琥珀是松脂的化石，其中含有一定量的丁二酸，因此丁二酸俗称琥珀酸：丁二酸为无色晶体，熔点为 185 ℃，溶于水，微溶于乙醇、乙醚、丙酮等有机溶剂。丁二酸是体内糖代谢过程的中间产物。在医学上有抗痉挛、祛痰及利尿作用。

任务三　苯甲酸的重结晶

【做一做】用重结晶法提纯粗品苯甲酸

实验器材：烧杯、铁架台（带铁圈）、酒精灯、布氏漏斗、普通漏斗、铜漏斗、玻璃棒、抽滤瓶、滤纸、石棉网、火柴。

实验药品：粗苯甲酸、蒸馏水、活性炭。

组织形式：分组完成下列实验，并记录实验现象。

实验内容：

1. 溶解

①取约 3 g 粗苯甲酸晶体置于 100 mL 烧杯中，加入 40 mL 蒸馏水，若有未溶固体，可再加入少量热水，直至苯甲酸全部溶解为止。（如不全部溶解，可再加入 3～5 mL 热水，加热搅拌使其溶解。但要注意，如果加水加热后不能使不溶物减小，说明不溶物可能是不溶于水的杂质，就不要再加水，以免误加过多溶剂。）

②铁架台上垫一张石棉网，将烧杯放在石棉网上，点燃酒精灯加热，不时用玻璃棒搅拌。（注意：搅拌时玻璃棒不要触及烧杯内壁，沿同一方向搅拌。）

③待粗苯甲酸全部溶解，停止加热，冷却后加入几粒活性炭，加热煮沸 5 min。（不能向正在沸腾的溶液中加入活性炭，否则将造成暴沸而溅出。）

2. 过滤

将准备好的铜漏斗放在铁架台的铁圈上，漏斗下放一小烧杯，点燃酒精灯加热，在漏斗里放一张折叠好的折叠滤纸，并用少量热水润湿（见图 8-4）。这时将上述热溶液尽快地沿玻璃棒倒入漏斗中，每次倒入的溶液不要太满，也不要等溶液滤完后再加。所有溶液过滤完毕后，用少量热水洗涤烧杯和滤纸。

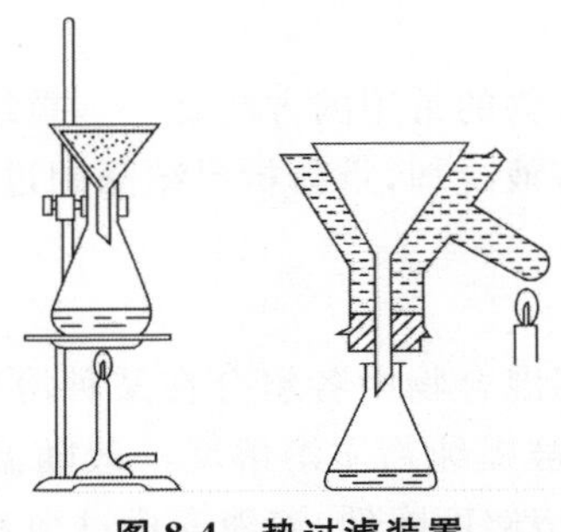

图 8-4　热过滤装置

3.冷却结晶

将滤液静置冷却，观察烧杯中是否有晶体析出。待晶体完全析出后，用布氏漏斗抽滤，并用少量冷蒸馏水洗涤结晶，以除去结晶表面的母液。洗涤时，先从吸滤瓶上拔去橡胶管，然后加入少量冷蒸馏水，使结晶体均匀浸透，再抽滤至干。如此重复洗涤2次。

实验记录(表8-4)：

表8-4　实验记录表

样品	样品形态	样品质量
重结晶前		
重结晶后		
结论		

【任务解析】

①加热后的烧杯不要直接放在实验台上，以免损坏实验台；
②进行趁热过滤时，注意要使烧杯保持适当的倾斜角度，同时注意安全，防止烫伤；
③不要用手直接接触刚加热过的烧杯、铁架台；
④注意活性炭的加入时间和热过滤时的速度；
⑤抽滤时注意先接橡胶管，抽滤后先拔橡胶管。

说明：

工业苯甲酸一般由甲苯氧化所得，其粗品中常含有未反应的原料、中间体、催化剂、不溶性杂质和有色杂质等，因而呈棕黄色块状并带有难闻的气味，可以用水为溶剂用重结晶法纯化。

苯甲酸在水中的溶解度随温度的变化较大(见表8-5)，通过重结晶可以使它与杂质分离，从而达到分离提纯的目的。

表8-5　不同温度下苯甲酸在水中的溶解度

温度/℃	25	50	95
苯甲酸在水中的溶解度/g	0.17	0.95	6.8

【知识链接】重结晶原理

一、重结晶简介

重结晶是提纯固体有机化合物的常用的方法之一。重结晶是指将固体有机物溶解在热的溶剂中，制成饱和溶液，再将溶液冷却，重新析出结晶的过程。

二、重结晶原理

重结晶提纯法的原理是利用混合物中各组分在某种溶剂中的溶解度不同，将被提纯物质溶解在热的溶剂中达到饱和(被提纯物质溶解度一般随温度的升高而增大)，趁热过滤除去不溶性杂质，然后冷却时由于溶解度降低，溶液变成过饱和而使被提纯物质从溶液中析出结晶，让杂质全部或大部分留在溶液中，从而达到提纯目的。重结晶提纯法的一般过程如下。

①选择适宜的溶剂；

②将样品溶于适宜的热溶剂中制成饱和溶液；

③趁热过滤除去不溶性杂质，如溶液的颜色深，则应先脱色，再进行热过滤；

④冷却溶液或蒸发溶剂，使之慢慢析出结晶而杂质则留在母液中；

⑤减压过滤分离母液，分出结晶；

⑥洗涤结晶，除去附着的母液；

⑦干燥结晶；

⑧测定晶体的熔点。

一般重结晶法只适用于提纯杂质含量在5%以下的晶体化合物，如果杂质含量大于5%时，须先采用其他方法进行初步提纯，如萃取、水蒸气蒸馏等，然后再用重结晶法提纯。

三、常用的重结晶溶剂

在重结晶法中选择一种适宜的溶剂是非常重要的，否则，达不到提纯的目的。它必须符合下面几个条件。

①与被提纯的有机化合物不起化学反应。

②被提纯的有机化合物在热溶剂中易溶，而在冷溶剂中几乎不溶。

③对杂质的溶解度非常大或非常小(前者使杂质留在母液中不随提纯物晶体一起析出，后者使杂质在热过滤时被滤掉)。

④对要提纯的有机化合物能生成较整齐的晶体。

⑤溶剂的沸点，不宜太低，也不宜太高。过低时，溶解度变化不大，难分离，且操作困难；过高时，附着于晶体表面的溶剂不易除去。

⑥价廉易得。

常见的重结晶溶剂见表8-6。

表8-6　常见的重结晶溶剂

溶剂名称	沸点/℃	相对密度	极性	溶剂名称	沸点/℃	相对密度	极性
水	100	1.000	很大	环已烷	80.8	0.7786	小
甲醇	64.7	0.7914	很大	苯	80.1	0.8787	小
95%乙醇	78.1	0.804	大	甲苯	111.6	0.8669	小
丙酮	56.2	0.7899	中	二氯甲烷	39.7	1.3266	中
乙醚	34.5	0.7138	小～中	四氯化碳	76.5	1.5940	小
石油醚	30～60	0.68～0.72	小	乙酸乙酯	77.1	0.9003	中
	60～90						

一般常用的混合溶剂有乙醇与水、乙醇与乙醚、乙醇与丙酮、乙醚和石油醚、苯与石油醚等。

【练一练】乙酰苯胺的重结晶

实验器材:循环水真空泵、热滤漏斗、抽滤瓶、橡皮管、布氏漏斗、250 mL 烧杯、锥形瓶、表面皿、酒精灯/加热套、滤纸。

实验药品:粗乙酰苯胺、蒸馏水、活性炭。

实验内容:

1. 溶解

称取 4 g 粗乙酰苯胺,放在 250 mL 烧杯中,加入纯水,加热至沸腾,直至乙酰苯胺溶解。若不溶解,可适量添加少量热水,搅拌并加热至接近沸腾使乙酰苯胺溶解。

2. 减压过滤

稍冷后,加入适量(约 1 g)活性炭于溶液中,煮沸 5～10 min,趁热用热水漏斗或扇形滤纸过滤,用一锥形瓶收集滤液,在过滤过程中,热水漏斗和溶液均应用小火加热保温,以免冷却。

滤液放置冷却后,有乙酰苯胺重结晶析出,抽气过滤,抽干后用玻璃塞压挤晶体,继续抽滤,尽量除去母液。然后进行晶体的洗涤工作。即先把橡皮管从抽滤瓶上拔出,关闭抽气泵,将少量蒸馏水(做溶剂)均匀地洒在滤饼上,浸没晶体,用玻璃棒小心地均匀搅拌晶体,接上橡皮管,抽滤至干,如此重复洗涤两次。

3. 称重

晶体基本上洗干净后,取出晶体,放在表面皿上晾干、称重。

乙酰苯胺在水中的溶解度为:5.5 g /100 g(100 ℃),0.53 g/100 g(0 ℃)。

注意事项:漏斗管下端的斜口应正对抽滤瓶的支管,抽滤瓶的支管应用厚橡皮管与水泵的支管相连。

课后习题

一、选择题

1. 下列物质中,不含羰基的是(　　)

A. 丙醛　　B. 丙醇　　C. 丙酮　　D. 丙酸

2. 下列物质中,酸性最强的是(　　)

A. 甲酸　　B. 甲醇　　C. 苯酚　　D. 碳酸

3. 下列物质中,沸点最高的是(　　)

A. 乙酸　　B. 乙醇　　C. 乙醛　　D. 丙酮

4. 下列物质俗称为醋酸的是(　　)

A. 乙醇　　B. 丙醇　　C. 乙酸　　D. 丙酸

5. 下列物质中,属于芳香酸的是(　　)

A. 安息香酸　　B. 草酸　　C. 醋酸　　D. 蚁酸

6. 下列物质中,属于二元酸的是(　　)

A. 安息香酸　　B. 草酸　　C. 醋酸　　D. 蚁酸

7. 下列物质中，含有羧基的是(　　)

A. 丙醇　　B. 丙醛　　C. 丙酮　　D. 丙酸

8. 羧酸的官能团是(　　)

A. —COOH　　B. —R　　C. —OH　　D. —OR

9. 下列物质中，名称为对苯二甲酸的是(　　)

A. HOOC—C_6H_4—COOH（对位）　　B. C_6H_4(COOH)COOH（邻位）

C. C_6H_4(COOH)OH（邻位）　　D. C_6H_5—COOH

10. 下列物质中，含有两个官能团的是(　　)

A. HOOC—C_6H_4—COOH（对位）　　B. C_6H_4(COOH)COOH（邻位）

C. C_6H_4(COOH)OH（邻位）　　D. C_6H_5—COOH

11. 下列物质中，既含有羟基又含有羧基的是(　　)

A. HOOC—C_6H_4—COOH（对位）　　B. C_6H_4(COOH)COOH（邻位）

C. C_6H_4(COOH)OH（邻位）　　D. C_6H_5—COOH

12. 下列物质中，不能和碳酸氢钠反应的是(　　)

A. 丁醇　　B. 丙酸　　C. 乳酸　　D. 丙酮酸

二、命名

1. $CH_3CH_2CH(CH_3)COOH$

2. HOOC—COOH

3. $CH_2=C(CH_3)—COOH$

4. $C_6H_5—CH_2COOH$

5. HOOC—CH_2—COOH

6. $CH_3—C_6H_4—COOH$（对位）

三、写出下列化合物的构造式

1. 2-甲基-3-乙基戊酸
2. 4-甲基-2-戊烯酸
3. 邻羟基苯甲酸
4. 间甲基苯甲酸

四、完成下列反应式

1. $CH_3COOH + NaOH \longrightarrow$

2. $CH_3COOH + NaHCO_3 \longrightarrow$

3. $CH_3COOH + HCOOH \xrightarrow[\triangle]{P_2O_5}$

4. $CH_3COOH + CH_3OH \xrightarrow{H_2SO_4}$

5. $CH_3COOH + NH_3 \longrightarrow \qquad \xrightarrow{\triangle}$

五、问答题

1. 加热溶解待重结晶的粗产品时，为什么加入的溶剂量要比计算量略少？然后逐渐添加到恰好溶解，最后再加入少量的溶剂，又为什么？

2. 使用布氏漏斗过滤时，如果滤纸大于布氏漏斗瓷孔面时，有什么不好？

项目九　乙酰苯胺熔点的测定

知识目标

理解熔点的测定原理和方法；

掌握测定熔点的操作方法；

掌握羧酸衍生物的分类和命名；

理解羧酸衍生物的性质。

技能目标

能够正确使用自动熔点测定仪；

能够正确测定固体有机化合物的熔点。

素质目标

培养小组成员间的团队协作能力；

培养学生的动手能力和实验室安全意识；

培养学生实事求是、严谨的科学态度。

任务一　初识羧酸衍生物

【子任务】认识乙酰苯胺的结构

通过查阅资料，学习和掌握乙酰苯胺的结构。

阅读材料：羧酸衍生物在医药中的重要地位

具有羧酸衍生物结构，尤其是酯和酰胺结构的药物，在化学合成及半合成药物中占有很大的比例，如局部麻醉药盐酸普鲁卡因含有酯的结构，青霉素等β-内酰胺类抗生素则含有酰胺的结构。

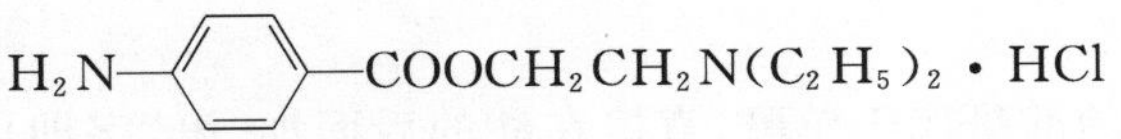

$H_2N-C_6H_4-COOCH_2CH_2N(C_2H_5)_2 \cdot HCl$

盐酸普鲁卡因

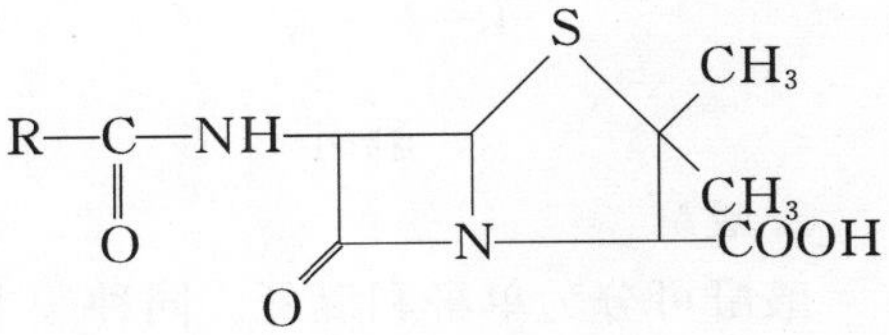

青霉素

青霉素的发现拯救了成千上万的生命，开创了抗生素化学治疗的新纪元。青霉素分子中β-内酰胺环遇酸、碱、重金属盐等，易被破坏而失去抗菌活性，因此青霉素在临床上制成粉针剂。

【任务解析】乙酰苯胺的结构

乙酰苯胺（$CH_3CONHC_6H_5$，见图 9-1）学名 *N*-苯（基）乙酰胺，白色有光泽片状结晶或白色结晶粉末，是磺胺类药物的原料，可用作止痛剂、退热剂和防腐剂。用来制造染料中间体对硝基乙酰苯胺、对硝基苯胺和对苯二胺，在第二次世界大战时大量用于制造对乙酰氨基苯磺酰氯。乙酰苯胺也用于制硫代乙酰胺，在工业上可作橡胶硫化促进剂、纤维脂涂料的稳定剂、过氧化氢的稳定剂，以及用于合成樟脑等。

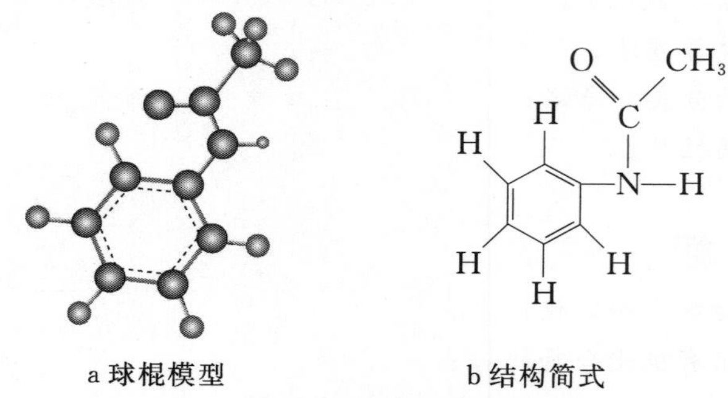

图 9-1　乙酰苯胺的结构

【知识链接】羧酸衍生物的分类与命名

羧酸衍生物都含有酰基（RCO—），因此它们又称为酰基化合物。

酰基是羧酸分子去掉—OH 后余下的基团。可根据相应酸的名称来命名酰基，即将某酸改为某酰基。例如：

$CH_3-\overset{\overset{\large O}{\|}}{C}-$　　$CH_3CH_2-\overset{\overset{\large O}{\|}}{C}-$　　$C_6H_5-\overset{\overset{\large O}{\|}}{C}-$

乙酰基　　丙酰基　　苯甲酰基

1. 酰卤

酰卤是羧酸中的—OH 被—X 取代的产物，命名对根据所含的某酰基称为某酰卤。例如：

$R-\overset{\overset{\large O}{\|}}{C}-X$　　$CH_3-\overset{\overset{\large O}{\|}}{C}-Cl$　　（苯环上邻位分别连有 COBr 和 CH_3）

酰卤　　乙酰氯　　邻甲基苯甲酰溴

2. 酸酐

酸酐可分为单酐和混酐。同种酸生成的酸酐属于单酐，直接在酸的后面加“酐”字即可，即某酸酐，“酸”字往往省略，称为某酐。命名混酐时，将简单的羧酸写在前面，复杂的羧酸写在后面；若有芳香酸时，则芳香酸的名称写在前面，称为某某酸酐。例如：

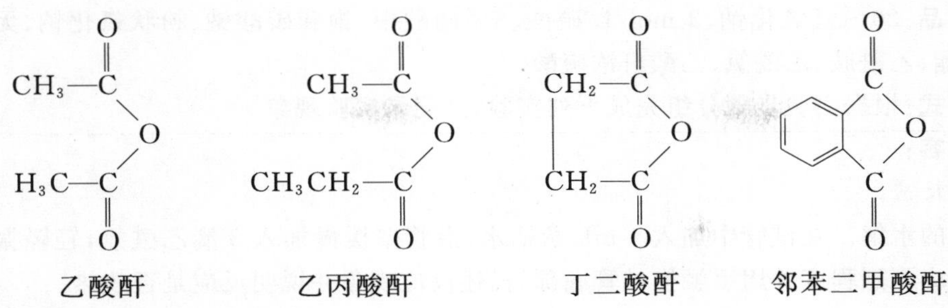

3. 酯

酯的命名是根据生成它的羧酸和醇的名称为依据，由一元醇和酸形成的酯，酸的名称写在前面，醇的名称写在后面，称为某酸某醇酯，“醇”字往往省略。例如：

$CH_3COOCH_2CH_3$	$HCOOC_6H_5$	$CH_3CH_2COOCH_2C_6H_5$	$C_6H_5COOCH_2CH_3$
乙酸乙酯	甲酸苯酯	丙酸苄酯	苯甲酸乙酯

二元酸的酯在命名时要能反映出是酸性酯、中性酯还是混合酯。例如：

$COOH$ │ $COOC_2H_5$	$COOC_2H_5$ │ $COOC_2H_5$	$COOCH_3$ │ $COOC_2H_5$
乙二酸氢乙酯 （酸性酯）	乙二酸二乙酯 （中性酯）	乙二酸甲乙酯 （混合酯）

4. 酰胺

酰胺的命名与酰卤类似，也是根据所含的酰基而称为某酰胺。当 N 原子上连有取代基时，可用 N 表示烃基的位置。例如：

$CH_3—\overset{O}{\overset{\|}{C}}—NH_2$	$C_6H_5—\overset{O}{\overset{\|}{C}}—NHC_2H_5$	$H—\overset{O}{\overset{\|}{C}}—N(CH_3)—CH_3$
乙酰胺	N-乙基苯甲酰胺	N,N-二甲基甲酰胺

【练一练】请给下列物质命名

$CH_3CH_2—\overset{O}{\overset{\|}{C}}—Cl$

$(CH_3CH_2—\overset{O}{\overset{\|}{C}})_2O$（$CH_3CH_2—\overset{O}{\overset{\|}{C}}—O—\overset{O}{\overset{\|}{C}}—CH_2CH_3$）

$CH_3—CH_2—\overset{O}{\overset{\|}{C}}—N(CH_3)_2$

任务二　羧酸衍生物的鉴定

【做一做】羧酸衍生物的性质实验

实验器材：试管、烧杯、电热套、托盘天平、量筒。

实验药品: 20%氢氧化钠、3 mol/L 硫酸、5%硝酸银、饱和碳酸钠、粉状氯化钠、无水乙醇、乙酸乙酯、乙酰胺、乙酰氯、乙酸酐浓硫酸。

组织形式: 根据实验步骤分组完成下列实验,并记录实验现象。

实验内容:

1. 水解反应

①酰氯的水解。在试管中加入 1 mL 蒸馏水,沿管壁缓慢加入 3 滴乙酰氯,轻轻振摇试管。观察反应剧烈程度并用手触摸试管底部,描述反应现象并说明反应是否放热。

待试管稍冷后,向其中加入 2 滴 5%硝酸银。观察有何变化,记录实验现象并写出有关的化学反应式。

②酸酐的水解。在试管中加入 1 mL 蒸馏水和 3 滴乙酸酐,振摇并观察其溶解性,稍微加热试管,观察现象变化并嗅其气味。写出有关化学反应式。

③酯的水解。在 3 支试管中各加入 1 mL 乙酸乙酯和 1 mL 蒸馏水,再向其中 1 支试管中加入 3 mol/L 硫酸溶液,向另一支试管中加入 0.5 mL 20%氢氧化钠溶液,将 3 支试管同时放入 70~80 ℃水浴中加热。边振摇边观察并比较各试管中酯层消失的速率,说明原因。写出有关化学反应方程式。

④酰胺的水解。在试管中加入 0.2 g 乙酰胺和 2 mL 20%氢氧化钠溶液,振摇后加热至沸,嗅其气味,记录并写出有关的化学反应式。

在试管中加入 0.2 g 乙酰胺和 2 mL 3 mol/L 硫酸溶液,振摇后加热至沸,是否嗅到乙酸的气味?冷却后加入 20%氢氧化钠溶液至碱性,嗅其气味,记录实验现象并解释原因。

2. 醇解反应

①酰氯的醇解。在干燥的试管中加入 1 mL 无水乙醇,将试管置于冷水浴中,边振摇边沿试管壁缓慢加 1 mL 乙酰氯,观察反应剧烈程度。待试管冷却后,再加入 3 mL 饱和碳酸钠溶液中和。当溶液出现明显的分层后(若无分层,在溶液中加入粉状的氯化钠至溶液饱和),嗅其气味。写出有关化学反应式。

②乙酸酐的醇解。在干燥的试管中加入 1 mL 无水乙醇和 1 mL 乙酸酐,混匀后再加入 3 滴浓硫酸,小心加热至微沸,冷却后,向其中缓慢滴加 3 mL 饱和碳酸钠溶液至分层清晰,嗅其气味。写出有关反应式。

注意事项:

①试管必须编号;

②乙酰氯的水解反应非常剧烈,必须在通风橱中进行,且添加试剂时必须缓慢添加;

③为了节约时间,可以在实验开始时用电热套加热两小烧杯水,用作实验过程的水浴加热和沸水加热。

实验记录(表 9-1):

表 9-1 实验记录表

实验	实验现象	结论
实验 1		

续表

实验	实验现象	结论
实验 2		
实验 3		
实验 4		
实验 5		
实验 6		

【任务解析】

1.水解反应

(1)酰氯的水解

酰氯遇冷水迅速发生水解生成相应的羧酸和刺激性味道的氯化氢，并且放热。加入硝酸银后，产生氯化银沉淀。反应的化学方程式：

$$CH_3-\overset{\overset{\displaystyle O}{\|}}{C}-Cl + H_2O \longrightarrow CH_3-\overset{\overset{\displaystyle O}{\|}}{C}-OH + HCl$$

$$HCl + AgNO_3 \longrightarrow AgCl\downarrow + H_2O$$

(2)酸酐的水解

酸酐需要与热水作用发生水解。乙酸酐与热水作用发生水解生成乙酸。反应的化学方程式：

$$(CH_3CO)_2O + H_2O \xrightarrow{\triangle} 2CH_3-\overset{\overset{\displaystyle O}{\|}}{C}-OH$$

(3)酯的水解

酯的水解不仅需要加热，还需使用酸或碱做催化剂。乙酸乙酯在硫酸或氢氧化钠作用下发生水解。反应的化学方程式：

$$CH_3-\overset{\overset{\displaystyle O}{\|}}{C}-OC_2H_5 + H_2O \xrightarrow{H_2SO_4} CH_3-\overset{\overset{\displaystyle O}{\|}}{C}-OH + CH_3CH_2OH$$

$$CH_3-\overset{\overset{\displaystyle O}{\|}}{C}-OC_2H_5 + H_2O \xrightarrow{NaOH} CH_3-\overset{\overset{\displaystyle O}{\|}}{C}-ONa + CH_3CH_2OH$$

(4)酰胺的水解

酰胺的水解则需要在酸或碱催化下，经长时间的回流才能完成。酰胺在酸性溶液中水解得到羧酸和铵盐；在碱作用下水解得到羧酸盐并放出氨。

$$CH_3-\overset{\overset{\displaystyle O}{\|}}{C}-NH_2 + H_2O \xrightarrow{H_2SO_4} CH_3-\overset{\overset{\displaystyle O}{\|}}{C}-OH + NH_4HSO_4$$

$$CH_3-\overset{\overset{\displaystyle O}{\|}}{C}-NH_2 + H_2O \xrightarrow{NaOH} CH_3-\overset{\overset{\displaystyle O}{\|}}{C}-ONa + NH_3\uparrow$$

2.醇解反应

①酰卤活性最高，可直接与醇直接生成酯，反应剧烈，速度快。乙酰氯可与乙醇快速生成乙酸乙酯。反应的化学方程式：

$$CH_3-\overset{\overset{\displaystyle O}{\|}}{C}-Cl + CH_3CH_2OH \longrightarrow CH_3-\overset{\overset{\displaystyle O}{\|}}{C}-O-CH_2CH_3 + HCl$$

②酸酐能在加热条件下，以酸为催化剂与醇反应生成酯。反应的化学方程式：

$$CH_3-\overset{\overset{\displaystyle O}{\|}}{C}-O-\overset{\overset{\displaystyle O}{\|}}{C}-CH_3 + CH_3CH_2OH \longrightarrow CH_3-\overset{\overset{\displaystyle O}{\|}}{C}-O-CH_2CH_3 + CH_3-\overset{\overset{\displaystyle O}{\|}}{C}-OH$$

【知识链接】羧酸衍生物的性质

一、物理性质

室温下，酰氯、酸酐、酯和酰胺大多数为液体或固体。低级酰氯有刺激性气味；低级的酸酐有令人不愉快的气味；低级的酯有水果香味，广泛存在于水果中，这是许多花果具有香味的原因。例如，乙酸异戊酯有香蕉香味，丁酸甲酯有菠萝香味等。

酰氯、酸酐和酯因分子间没有氢键缔合，它们的沸点比相对分子质量相近的羧酸低得多；而酰胺分子间氢键缔合作用比羧酸强，其沸点比相应的羧酸高(见表 9-2)。

表 9-2　部分羟酸衍生物的沸点

化合物	乙酰胺	乙酸	乙酰氯
沸点/℃	222	118	52

酰氯、酸酐的水溶性比相应的羧酸小，低级的遇水分解；四碳及四碳以下的酯有一定的水溶性；低级酰胺可溶于水。但羧酸衍生物都可溶于有机溶剂，有的本身是良好的有机溶剂，如乙酸乙酯。

二、化学性质

羧酸衍生物的化学性质主要表现为带正电的羧基碳原子易受亲核试剂的进攻，发生水解、醇解、氨解等反应。另外，羧酸衍生物的羰基也能发生还原反应。

羧酸衍生物可以分别与水、醇、氨或胺发生水解、醇解和氨解反应。羧酸衍生物发生水解、醇解和氨解反应的活性顺序为：酰卤＞酸酐＞酯＞酰胺。

(1)水解反应

羧酸衍生物水解的共同产物是羧酸。

$$
\left.\begin{array}{l}
R{-}\overset{O}{\overset{\|}{C}}{-}X \\
R{-}\overset{O}{\overset{\|}{C}}{-}O{-}\overset{O}{\overset{\|}{C}}{-}R \\
R{-}\overset{O}{\overset{\|}{C}}{-}OR \\
R{-}\overset{O}{\overset{\|}{C}}{-}NH_2
\end{array}\right.
\xrightarrow{H-OH}
R{-}\overset{O}{\overset{\|}{C}}{-}OH +
\begin{array}{l}
HX \\
RCOOH \\
ROH \\
NH_3
\end{array}
$$

酰卤与水发生剧烈的放热反应，酸酐与热水易发生反应，酯的水解反应需要在酸或碱的催化作用下并且加热才能顺利进行。其中，在酸催化作用下的水解反应是可逆反应，其逆反应是酯化反应；在碱性水溶液中，酯的水解反应是不可逆的，因为生成的羧酸盐不能与醇发生酯化反应，酯在碱溶液中的水解反应又称为皂化反应。酰胺与水反应也必须加催化剂，并且需要长时间回流才能完成。

(2)醇解反应

酰卤、酸酐和酯可以与醇反应，生成相应的酯。

$$
\left.\begin{array}{l}
R{-}\overset{O}{\overset{\|}{C}}{-}X \\
R{-}\overset{O}{\overset{\|}{C}}{-}O{-}\overset{O}{\overset{\|}{C}}{-}R \\
R{-}\overset{O}{\overset{\|}{C}}{-}OR
\end{array}\right.
\xrightarrow{H-OR'}
R{-}\overset{O}{\overset{\|}{C}}{-}OR' +
\begin{array}{l}
HX \\
RCOOH \\
ROH
\end{array}
$$

酯的醇解反应又称为酯交换反应，该反应需要碱或酸作为催化剂。在有机合成中常利用此反应来制备高级的酯或一般难以直接用酯化反应合成的酯，如苄酯。

(3)氨解反应

酰卤、酸酐和酯与氨或胺(H—NHR)反应可以得到酰胺，该反应又称为酰化反应。

$$
\left.\begin{array}{l}
R{-}\overset{O}{\overset{\|}{C}}{-}X \\
R{-}\overset{O}{\overset{\|}{C}}{-}O{-}\overset{O}{\overset{\|}{C}}{-}R \\
R{-}\overset{O}{\overset{\|}{C}}{-}OR
\end{array}\right.
\xrightarrow{H-NH_2}
R{-}\overset{O}{\overset{\|}{C}}{-}NH_2 +
\begin{array}{l}
HX \\
RCOOH \\
ROH
\end{array}
$$

酰卤和酸酐与氨反应剧烈，需要在冰浴下慢慢滴加试剂，所以酰卤和酸酐又称为酰化剂；酯与氨的反应不需要催化剂可以直接发生氨解反应；酰胺的氨解困难，几乎不发生此反应。

【拓展知识】生成异羟肟酸铁盐的反应

酸酐、酯和酰伯胺能与羟胺(NH_2—OH)发生酰化反应生成异羟肟酸，异羟肟酸与三氯化铁反应，可得到红紫色的异羟肟酸铁。例如：

$$R-\overset{O}{\overset{\|}{C}}-O-\overset{O}{\overset{\|}{C}}-R \xrightarrow{H-NHOH} R-\overset{O}{\overset{\|}{C}}-NHOH + RCOOH$$

$$3R-\overset{O}{\overset{\|}{C}}-NHOH + FeCl_3 \longrightarrow \left[R-\overset{O}{\overset{\|}{C}}-NHO \right]_3 Fe + 3HCl$$

异羟肟酸　　　　　　　　　　异羟肟酸铁(红紫色)

酰卤必须转变为酯后,才能发生该显色反应。异羟肟酸铁反应可用于羧酸衍生物的鉴别。

另外,羧酸衍生物可以发生还原反应。羰基还原剂氢化铝锂可以还原酰卤、酸酐和酯为伯醇,而使酰胺还原为相应的胺。

【拓展知识】常见的羧酸衍生物

1. 乙酰氯(CH_3COCl)

乙酰氯是无色有刺激性气味的液体,沸点为 52 ℃,遇水剧烈水解,并放出大量的热,空气中的水分就能使它水解产生氯化氢而冒白烟。乙酰氯是常用的酰化试剂。

2. 乙酸酐[$(CH_3CO)_2O$]

乙酸酐又称为醋酸酐,是具有刺激性气味的无色液体,沸点为 139.6 ℃,微溶于水。乙酸酐是一种优良的溶剂,也是常用的乙酰化试剂,用于制药、香料和染料等工业中。

3. 乙酰乙酸乙酯($CH_3COCH_2COOC_2H_5$)

乙酰乙酸乙酯是有清香气味的无色液体,沸点为 181 ℃,微溶于水,易溶于乙醇和乙醚。乙酰乙酸乙酯分子中具有活泼的 α-H 原子,所以存在烯醇式和酮式的互变异构现象。

4. 丙二酸二乙酯($C_2H_5OOCCH_2COOC_2H_5$)

丙二酸二乙酯是无色有异味的液体,沸点为 199 ℃,为制备巴比妥类药物的原料。另外,丙二酸二乙酯在有机合成中应用非常广泛,是合成各类酮及羧酸的重要原料。

5. 脲(NH_2CONH_2)

脲俗称尿素,是哺乳动物体内蛋白质代谢的最终产物,成人每天可经尿排泄 25～30 g 脲。脲是白色结晶,熔点为 133 ℃,易溶于水和乙醇。脲的用途很广泛,除了大量用作氮肥外,还用于合成药物及塑料等。临床上尿素注射液对降低颅内压和眼内压有显著疗效,可用于治疗急性青光眼和脑外伤引起的脑水肿。

任务三　乙酰苯胺熔点的测定

【做一做】乙酰苯胺熔点的测定

实验器材:铁架台、b 形管、温度计、毛细管、酒精灯、玻璃管、表面皿。

实验药品:甘油、乙酰苯胺。

组织形式:分组完成下列实验,并记录实验现象。

实验内容:

1. 填装样品

取部分待测样品放在洁净而干燥的表面皿中,研成粉末并聚成小堆。

取一支毛细管，将一端放在酒精灯火焰上烧熔至封口，然后将毛细管的开口端向粉末堆中插 2～3 次，样品就会进入毛细管中(样品的高度不能太高，只能是 2～3 mm)。取一支长玻璃管，垂直竖立在干净的台面，将毛细管开口端朝上，封口端朝下，由玻璃管上口投入，使其自由落下，样品就会填充至封口端，这样反复几次，样品就被紧密结实地填装在毛细管底部(注意：样品一定要填充紧密，如果没有填充紧密，则继续在玻璃管内做自由落体)。

2. 安装装置

如图 9-2 c 所示，将 b 形管固定在铁架台上，装入甘油(溶液)，甘油的高度至刚好高出支管 1 cm 左右为宜。

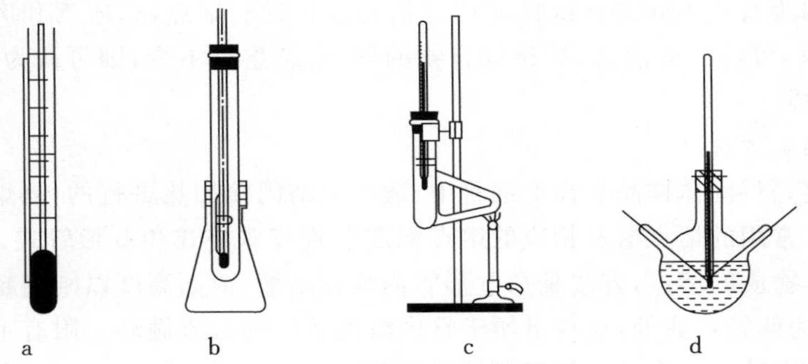

图 9-2　熔点测定装置

将毛细管用橡胶圈捆绑到温度计上，毛细管内的样品与温度计测温球平行，并安装至 b 形管内，注意温度计刻度值应置于塞子开口侧并朝向操作者，毛细管应附在温度计侧面而不能在正面或反面，以便于观察。

3. 测熔点

用酒精灯在 b 形管侧管弯曲处加热。开始时，升温速率可稍快些，大约每分钟上升 5 ℃左右。当距熔点约 10 ℃，应将升温速率控制在每分钟上升 1～2 ℃，接近熔点时，还应更慢些。此时应密切关注毛细管内的变化情况，当发现样品出现潮湿时，表明固体开始熔化，记录初熔温度。当固体完全熔化，呈透明状态时，记录全熔温度，此两个温度值就是该化合物的熔程。例如，测得某化合物初熔温度为 52 ℃，全熔温度为 53 ℃，则该化合物的熔程为 52～53 ℃。

注意事项：

熔点的测定，至少要有两次重复的数据。每次测定，都必须重新更换毛细管，并将浴液冷却至低于样品熔点 10 ℃以下，方可重复操作。

实验记录(表 9-3)：

表 9-3　实验记录表

实验	实验现象	结论
实验 1		
实验 2		
实验 3		
实验 4		
实验 5		

【任务解析】

1. 熔点

物质从开始熔化到完全熔化的温度范围叫作熔程。纯的有机化合物一般都有固定的熔点，熔程很小，仅为 0.5～1 ℃。如果含有杂质，熔点就会降低，熔程也将显著增大。大多数有机化合物的熔点都在 400 ℃以下，比较容易测定。因此，可以通过测定熔点来鉴别有机化合物和检验物质的纯度，还可以通过测定纯度较高的有机化合物的熔点来进行温度计的校正。在鉴定未知物时，如果测得其熔点与某已知物的熔点相同，并不能就此完全确认它们为同一化合物。因为有些不同的有机物却具有相同或相近的熔点，如尿素和肉桂酸的熔点都是 133 ℃。这时，可将二者混合，测该混合物的熔点，若熔点不变，则可认为是同一物质，否则，便是不同物质。

2. 熔点的测定方法

熔点的测定是将固体样品装在毛细管中，通过热浴间接加热进行的，测熔点用的热浴装置又叫熔点浴。常用的熔点浴及相应的熔点测定装置有双浴式和 b 形管式。我们学习用 b 形管式测定固体物质的熔点，方法是在 b 形管内装盛溶液，液面高度以刚刚超过上侧管1 cm 为宜，加热部位为侧管弯曲处，这样可便于管内溶液较好的对流循环。附有毛细管的温度计通过侧面开口塞安装在 b 形管中侧管两接口之间。

【知识链接】熔点的测定和温度计的校正

一、基本原理

在大气压力下，化合物受热由固态转化为液态时的温度称为该化合物的熔点。严格地说，熔点是指在大气压力下化合物的固—液两相平衡时的温度。通常纯的有机化合物都具有确定的熔点，而固体从开始熔化（始熔）至完全熔化（全熔）的温度范围称为熔距（也可称为熔程、熔点范围），且一般不超过 0.5 ℃。当化合物含有杂质时，其熔点下降，熔距变宽。因此，通过测定熔点不仅可以鉴别不同的有机化合物，而且还可以判断有机化合物的纯度，同时还能鉴定熔点相同的两种化合物是否为同一化合物，即将它们混合后测熔点，如果熔点不变，熔距也没有变宽，说明它们是同一化合物，若熔点下降，熔距变宽，则为不同的化合物。熔点是固体有机化合物的物理常数之一，但对于受热易分解的化合物，即使纯度很高，也无法确定其熔点，且熔距较宽。

熔点测定有两种方法：常量法和微量法。常量法测定的熔点比较准确，但需要较大量的样品才能满足测定熔点的需要。因此，测定有机物的熔点，通常采用微量法，下面对其作详细介绍。

二、测定熔点的装置

测定熔点有两种经常用的装置：双浴式熔点测定和齐列（Thiele）熔点测定管。前者通过油浴或者空气浴加热样品，样品受热均匀，温度上升缓慢，所以准确率较高，熔点范围较小，但装置稍复杂，加入的热浴物质如甘油、液状石蜡等用量较多，测定熔点的速度较慢。后者装置简单，使用方便，测定速度快，但加热不够均匀，所测熔点的温度范围大，准确度稍差。

上述两种装置见图 9-3。

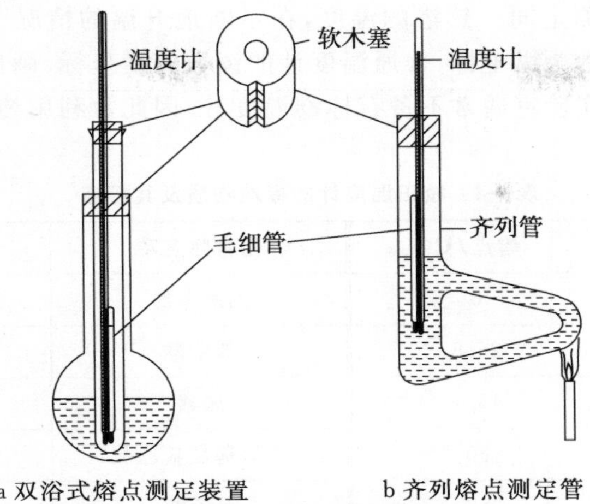

图 9-3　熔点测定装置

无论哪种装置，所配的塞子最好是软木塞。因为软木塞的耐热性好，而橡皮塞在高温下易变黏。在软木塞上一定要戳一个通气孔。加热时仪器内的空气膨胀，如无通气孔，内部压力太大，易将塞子爆出，不仅使实验失败，还易造成事故。

三、测定方法

将干燥过的研磨成粉末状的待测样品置于干燥、结晶的表面皿上，堆成小堆，然后将熔点管(外径 1～1.2 cm，长度 70～75 mm)开口一端垂直插入样品中，再将毛细管开口端朝上，在桌面上蹾几下，如此重复取样品几次，使样品再毛细管张致密均匀，样品高度为 2～3 mm。把装好的样品的毛细管用一个细橡皮圈套在温度计上，毛细管应处在温度计的外侧，以便于观察，并使装样品部分正好出在水银球的中部。按图 9-3 把上述温度计置于齐列熔点管中(油浴液体为甘油或液状石蜡)，并使温度计水银球的中点处在上下两支管口连线的中部(双浴式熔点测定装置中，温度计的水银球距试管底约 0.5 cm，试管离瓶底约 1 cm)，检查装置无误后，开始加热，控制升温速度在 5 ℃/min。仔细观察温度的变化及样品是否熔化，记录熔化时的温度，即为样品的粗测熔点，移去火焰，待浴温冷至粗测熔点以下 30 ℃左右，即可进行第二次精测。精测时，将温度计从齐列熔点测定管中取出，更换一根新装样品的毛细管后，开始加热。初始升温速度允许 10 ℃/min，以后减至 5 ℃/min ，待温度升至离粗测熔点约 10 ℃时，调小火焰，控制升温速度在约 1 ℃/min，并仔细观察样品的变化，记录样品的塌陷并在边缘部分开始透明时(说明开始熔化)和全部透明(即全部熔化)时的两个温度，即为样品的熔点范围(注意，绝不可取两个温度的平均值)。物质的纯度越高，熔距越小。升温越快，测定熔点范围的准确程度越低。测定熔点时，必须用校正过的温度计。每个样品需精测两次，测得结果要平行(相差不大于 0.5℃)，否则需要第 3 次。

四、温度计的校正

温度计的误差会造成测出的一种纯化合物的熔点可能与文献或手册记载的熔点有一定的偏差，因此在测定熔点(或沸点)前，需要对温度计进行校正。

温度计的校正方法很多，最简单的方法是标准温度计与普通温度计比较法。用标准温度计和普通温度计同时测定同一热浴的温度，在不断地升温的情况下，测出一系列温度读数。以标准温度计的读数为纵坐标，普通温度计的读数为横坐标，画出一条曲线，根据此曲线校正温度计。但一般实验室通常不备有标准温度计，因此常利用纯有机化合物的标准熔点校正法（见表 9-4）。

表 9-4　校正温度计的标准物质及其熔点

化合物名称	熔点/℃	化合物名称	熔点/℃
冰水	0	乙酰苯胺	114
环已醇	25.5	苯甲酸	122
二苯甲酮	48.1	尿素	132
α-萘胺	50	二苯基羟基乙酸	150
二苯胺	53	水杨酸	159
对二氯苯	53	3,5-二硝基苯甲酸	204.5
苯甲酸苯酯	70	酚酞	216
萘	80	蒽	262
间二硝基苯	90	蒽醌	286
二苯乙二酮	95	*N*,*N'*-二乙酰联苯胺	331
α-萘酚	96		

注：利用纯有机化合物的熔点校正温度计，是较方便的方法，首先选择一系列已知准确熔点的纯化合物为标准，用普通温度计测定它们的熔点。所测得的熔点温度范围，必须小于 0.5 ℃。例如：表 9-4 列出的一些化合物可作为校正温度计的标准物质。用已知标准物质的准确熔点温度作为纵坐标，所测的熔点温度作为横坐标，画一条曲线。那么这支普通温度计上的任一温度，可从曲线上找出对应的标准温度。保留此曲线图，以备后用。温度计和曲线图都应标记上相同的符号，配套使用，以防弄错。

【拓展知识】数字熔点仪测定熔点

我国生产的 WRS-1 数字熔点仪，采用光电检测，数字温度显示等技术。操作步骤如下：
①开启电源开关，稳定 20 min；
②通过拨盘设定起始温度，再按起始温度按钮，输入此温度，此时预置灯亮；
③选择升温速度，把波段开关旋至所需位置；
④当预置灯熄灭时，可插入装有样品的毛细管，此时初熔灯也熄灭；
⑤把电压调至零，按升温按钮，数分钟后初熔灯先亮，然后出初熔、全熔读数显示；
⑥按初熔按钮，显示初熔读数，记录初熔、全熔温度；
⑦按降温按钮，使温度降至室温，最后切断电源。

课后习题

一、单选题

1. 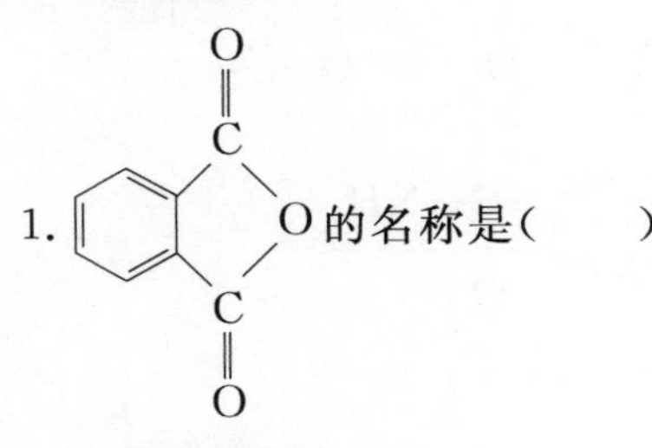的名称是(　　)

A. 苯二甲酸　　B. 苯二甲酸酐

C. 苯甲酸二甲酯　　D. 邻苯二甲酸酐

2. $C_6H_5-\overset{\underset{\|}{}}{C}(=O)-O-CH_3$ 的名称是(　　)

A. 苯甲酸乙酯　　B. 苯乙酮

C. 乙酸苯酯　　D. 苯甲酸甲酯

3. 丙酸甲酯的结构式是(　　)

A. $CH_3COOCH_2CH_2CH_3$　　B. $CH_3CH_2CH_2COOCH_2CH_3$

C. $CH_3CH_2COOCH_3$　　D. $CH_3COOCH_2CH_3$

4. $CH_3-C(=O)-O-C(=O)-CH_3$ 的名称是(　　)

A. 乙酐　　B. 丁酐　　C. 丁二酸酐　　D. 戊酐

5. 乙酰氯和水反应的主要产物是(　　)

A. 乙醛　　B. 乙酐

C. 1-氯乙烷　　D. 乙酸

6. $CH_3COOC_2H_5$完全水解后的产物是(　　)

A. $CH_3COOH + CH_3OH$　　B. $CH_3COOH + C_2H_5OH$

C. CH_3COOH　　D. $CH_3OH + C_2H_5OH$

7. 下列化合物属于中性的是(　　)

A. $COOH$
|
$COOCH_2CH_3$

B. $COOCH_3$
|
$COOCH_2CH_3$

C. $COOCH_3$
|
$COOH$

D. $COOH$
|
$COOH$

8. 当 a(乙酰氯),b(乙酸酐),c(乙酸乙酯)发生水解反应时,其活性顺序为(　　)

A. a>b>c　　B. b>a>c　　C. c>b>a　　D. c>a>b

二、命名下列化合物或结构简式

1. $\underset{\underset{O}{\|}}{C}-O-Cl$

2. $\underset{\underset{O}{\|}}{C}-O-\underset{\underset{O}{\|}}{C}$

3. $\begin{array}{l}COOCH_2CH_3\\|\\COOCH_2CH_3\end{array}$

4. $\underset{\underset{O}{\|}}{C}-NH_2$

5. $\underset{\underset{O}{\|}}{C}-N\begin{array}{l}\diagup CH_3\\\diagdown CH_3\end{array}$

6. *N*,*N*-二乙基苯甲酰胺

7. 乙酸乙酯

8. 丁二酰氯

9. 草酸二甲酯

三、完成下列反应方程式

1. $CH_3CH_2COOCH_2CH_3+NaOH\longrightarrow$

2. $CH_3CH_2\overset{\overset{O}{\|}}{C}-Cl+NaOH\longrightarrow$

3. $CH_3CH_2\overset{\overset{O}{\|}}{C}-NH_2+NaOH\longrightarrow$

4. $CH_3\overset{\overset{O}{\|}}{C}-Cl+CH_3CH_2OH\longrightarrow$

5. $\begin{array}{c}O\\\|\\C\\\quad\diagdown\\\quad\quad O\\\quad\diagup\\C\\\|\\O\end{array}+CH_3CH_2OH\longrightarrow$

四、简答题

1. 测定熔点时,为什么要用热浴间接加热?

2. 为什么说通过测定熔点可检验有机物的纯度?

3. 如果测得一未知物的熔点与某已知物的熔点相同,是否可就此确认它们为同一化合物?为什么?

项目十　含氮有机化合物的鉴定

知识目标

掌握含氮有机化合物的分类和命名；
理解含氮有机化合物的性质；
了解常见的胺。

技能目标

能够通过实验鉴别典型的含氮有机化合物；
能够正确进行胺和尿素的鉴定操作。

素质目标

培养小组成员间的团队协作能力；
培养学生的动手能力和实验室安全意识；
培养学生严谨的科学态度和工作作风。

任务一　认识含氮有机化合物

含氮有机化合物是指分子中含有碳氮键的有机化合物，常见的含氮有机化合物有硝基化合物、胺、酰胺、含氮杂环化合物、生物碱、偶氮化合物、氨基酸、蛋白质等。

阅读材料：含氮有机化合物在医药上的重要作用

许多含氮有机化合物是临床上常用的药物，如局部麻醉药盐酸普鲁卡因分子中含有芳香伯氨基，常用来治疗帕金森氏病和急性肾衰竭的药物多巴胺，具有脂肪伯胺结构。

NH_2 ; $COOCH_2CH_2N(C_2H_5)_2$ · HCl

盐酸普鲁卡因

HO, OH, $CH_2CH_2NH_2$

多巴胺

【知识链接】含氮有机化合物的分类与命名

一、硝基化合物

硝基化合物可以看作是烃分子中的氢原子被—NO_2 取代后的衍生物，其官能团为—NO_2。硝基化合物有以下几种分类方法。

根据烃基的不同，可以分为脂肪族硝基化合物（R—NO_2）和芳香族硝基化合物（Ar—NO_2）。例如：

CH_3NO_2

脂肪族硝基化合物　　　　芳香族硝基化合物

根据硝基的数目又可将硝基化合物分为一硝基化合物和多硝基化合物。

硝基化合物是将硝基作为取代基进行命名。例如：

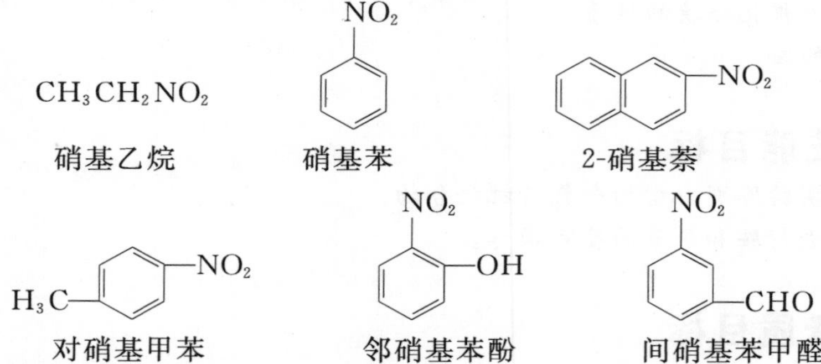

硝基乙烷　　硝基苯　　2-硝基萘

对硝基甲苯　　邻硝基苯酚　　间硝基苯甲醛

阅读材料：多硝基化合物的爆炸性

多硝基化合物常具有爆炸性，如2,4,6-三硝基甲苯为黄色晶体，俗称TNT，由甲苯硝化制得。TNT是一种重要的军用炸药，原子弹、氢弹的爆炸威力也常用TNT的万吨表示。TNT还常用于民用筑路、开山、采矿等爆破工程中。

2,4,6-三硝基苯酚俗称苦味酸，为黄色晶体，味苦，也具有强烈的爆炸性。

2,4,6-三硝基甲苯（TNT）　　2,4,6-三硝基苯酚（苦味酸）

二、胺

胺可以看作是氨分子中的氢原子被烃基取代后的衍生物。许多胺类化合物具有生理作用，在医药上用来制退热、镇痛、局部麻醉、抗菌、驱虫等药物。

1. 分类

胺有多种分类方法。

根据氮原子所连烃基的种类不同可将胺分为脂肪胺和芳香胺。例如：

$CH_3CHCH_2CH_3$（2位连 NH_2）

脂肪胺　　芳香胺

根据分子中氨基的数目不同，可分为一元胺、二元胺和多元胺。例如：

CH_3NH_2　　　　$H_2N—CH_2—CH_2—NH_2$

一元胺　　　　二元胺

根据氮原子上所连烃基的数目不同，可分为伯胺（1°胺）、仲胺（2°胺）和叔胺（3°胺）。例如：

$R—NH_2$　　　　$R—NH—R'$　　　　$R—N(R'')—R'$

伯胺　　　　仲胺　　　　叔胺

伯、仲、叔胺的分类方法与伯、仲、叔醇的分类方法是不同的。伯、仲、叔胺是按氮原子所连烃基数目来确定的；而伯、仲、叔醇是指羟基分别连在伯、仲、叔碳原子上。如叔丁醇和叔丁胺二者都具有叔丁基，但前者属叔醇而后者属伯胺。

$(CH_3)_3C—OH$　　　　$(CH_3)_3C—NH_2$

叔丁醇（叔醇）　　　　叔丁胺（伯胺）

2.命名

(1)简单胺的命名

一般以胺作为母体，烃基作为取代基，称为“某胺”。例如：

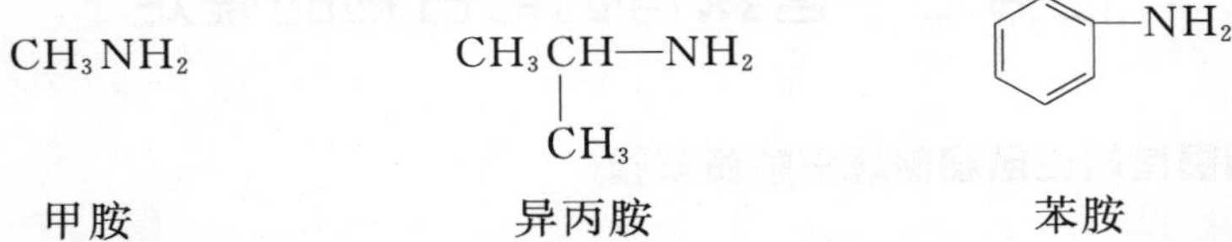

甲胺　　　　异丙胺　　　　苯胺

当氮原子上连有多个烃基时，如果烃基相同，在烃基名称之前加上烃基的数目；如果烃基不同则按次序规则，依次写出烃基的名称。例如：

$H_3C—N(CH_3)—CH_3$　　　　$C_6H_5—NH—C_6H_5$　　　　$CH_3CH_2CH_2—N(CH_3)—CH_2CH_3$

三甲胺　　　　二苯胺　　　　甲乙丙胺

氮原子上同时连有烷基和芳基时，以芳香胺作为母体，烷基作为取代基，其位次用“N”表示。例如：

$C_6H_5—NH—CH_3$　　　　$C_6H_5—N(CH_2CH_3)—CH_3$　　　　$3\text{-}CH_3CH_2C_6H_4—N(CH_3)—CH_3$

N-甲基苯胺　　　　*N*-甲基-*N*-乙基苯胺　　　　3-乙基-*N*,*N*-二甲基苯胺

(2)复杂胺的命名

结构较复杂的胺可将氨基作为取代基进行命名。例如：

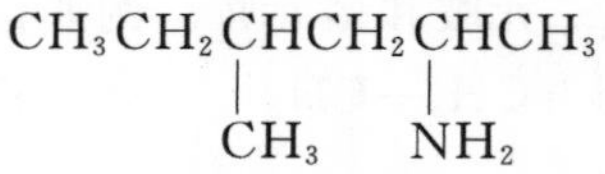

$$\underset{\displaystyle CH_3}{\underset{|}{CH_3CH_2CH}}CH_2\underset{\displaystyle NH_2}{\underset{|}{CHCH_3}}$$

4-甲基2-氨基己烷

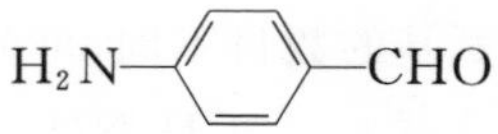

$H_2N-C_6H_4-CHO$

对氨基苯甲醛

(3)多元胺的命名

多元胺的命名与多元醇的命名相似。例如：

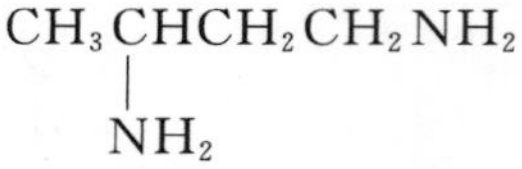

$$CH_3\underset{\displaystyle NH_2}{\underset{|}{CH}}CH_2CH_2NH_2$$

1,3-丁二胺

$C_6H_4(NH_2)_2$

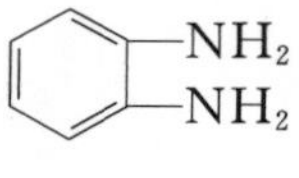

邻苯二胺

说明：氨、胺和铵的用法

氨、胺和铵用法不同。氨是指 NH_3 或氨基；胺是指氨的烃基衍生物，如 CH_3NH_2 称为甲胺；铵则是指 NH_4^+ 或其中的氢原子被烃基取代后的产物，如 $(CH_3)_4N^+Cl^-$ 称为氯化四甲铵。

【练一练】命名下列有机化合物

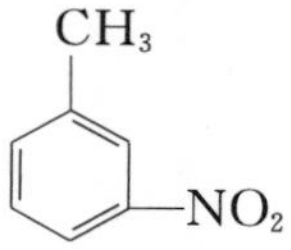

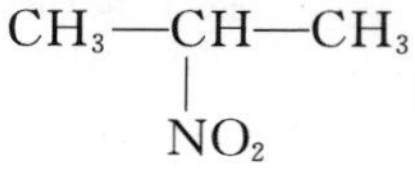

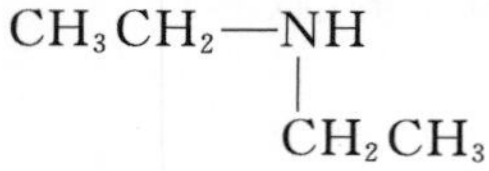

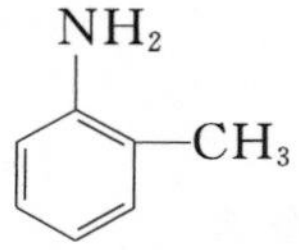

$$m\text{-}CH_3C_6H_4NO_2 \qquad CH_3-\underset{\displaystyle NO_2}{\underset{|}{CH}}-CH_3 \qquad CH_3CH_2-\underset{\displaystyle CH_2CH_3}{\underset{|}{NH}} \qquad o\text{-}CH_3C_6H_4NH_2$$

任务二　含氮有机化合物的鉴定

【做一做】含氮有机化合物的理化性质实验

实验器材：酒精灯、三脚架、石棉网、玻璃棒、烧杯、试管、量筒、橡胶塞。

实验药品：25%亚硝酸钠、饱和尿素、10%氢氧化钠、红色石蕊试纸、3 mol/L 硫酸、饱和草酸、6 mol/L 盐酸、漂白粉、2%硫酸铜、饱和重铬酸钾、苯磺酰氯、饱和溴水、正丁胺、二乙胺、尿素、苯胺、浓硝酸、*N*-甲基苯胺。

组织形式：根据老师给出的引导步骤，分组自行完成实验。

实验内容：

1. 胺的碱性

①在 3 支试管中各加入 1 mL 蒸馏水，再分别加入 2 滴正丁胺、二乙胺、三乙胺。振摇后，用 pH 试纸检验其酸碱性。

②在试管中加入 2 滴苯胺和 1 mL 蒸馏水，振摇，观察其是否溶解。向试管中滴加 6 mol/L盐酸溶液，边滴加边振摇，观察现象。再向其中滴加 10%氢氧化钠溶液，直至溶液呈碱性，再观察现象并解释原因。

2. 酰化反应

在 3 支已编号的试管中分别加入 0.5 mL 苯胺、*N*-甲基苯胺、*N*,*N*-二甲基苯胺，再各加入 3 mL 10%氢氧化钠溶液和 0.5 mL 苯磺酰氯，配上橡胶塞，用力振摇 3～5 min。取下橡胶塞，在水浴中温热并继续振摇 2 min。冷却后用 pH 试纸检验溶液，若不呈碱性，可再加入几滴 10%氢氧化钠溶液。

①在有沉淀析出的试管中加入 1 mL 水稀释，振摇后沉淀不溶解，表明为仲胺；

②在无沉淀析出（或经稀释后沉淀溶解）的试管中，缓慢滴加 6 mol/L 盐酸溶液至呈酸性，此时若有沉淀析出，表明为伯胺；

③实验过程中无明显现象者为叔胺。

3. 与亚硝酸的反应

在 5 支已编号的试管中各加入 1 mL 浓盐酸和 2 mL 水，再分别加入 0.5 mol/L 正丁胺、三乙胺、苯胺、*N*-甲基苯胺、*N*,*N*-二甲基苯胺。将试管放入冰水浴中冷却至 0～5 ℃，在振摇下缓慢滴加 25%亚硝酸钠溶液，直至混合溶液使淀粉-碘化钾试纸变蓝为止。观察并记录实验现象。

①若试管中冒出大量气泡，表明为脂肪族伯胺；

②若溶液中有黄色固体（或油状物）析出，滴加碱液不变化的为仲胺；

③若溶液中有黄色固体析出，滴加碱液时固体转为绿色的为芳香族叔胺；

④向其余 2 支试管中滴加萘酚溶液，有橙红色物质生成的为芳香族伯胺，另一支试管中则为脂肪族叔胺。

4. 苯胺与溴水反应

在试管中加入 4 mL 水和 1 滴苯胺，振摇后滴加饱和溴水。记录现象并写出相关的化学反应式。

5. 苯胺的氧化

①在 2 支试管中各加入 2 mL 水和 1 滴苯胺，向其中 1 支试管中加入 3 滴新配制的漂白粉溶液，观察试管中溶液颜色的变化。

②向另一支试管中加入 3 滴饱和重铬酸钾溶液和 6 滴 3 mol/L 硫酸溶液，振摇后观察溶液颜色的变化。记录上述实验现象并说明发生了什么反应。

6. 尿素的弱碱性

①与硝酸反应。在试管中加入 1 mL 浓硝酸，沿试管壁小心滴入 1 mL 饱和尿素溶液。观察现象，再振摇试管，发生了什么变化？

②与草酸反应。在试管中加入 1 mL 饱和草酸溶液和 1 mL 饱和尿素溶液，振摇后观察现象。记录上述实验现象并说明尿素的性质。

7. 尿素的缩合反应

在干燥试管中加入 0.3 g 尿素，先用小火加热，观察现象。继续加热并用润湿的红色石蕊试纸在试管口检验，发生了什么现象？有什么物质生成？

熔融物逐渐变稠，最后凝结成白色固体。待试管稍冷却后加入 2 mL 热水，用玻璃棒搅拌后将上层液体转移到另一支试管中，向其中加入 3 滴 10%氢氧化钠溶液和 1 滴 2%硫酸铜溶液，观察溶液颜色的变化。记录实验现象。

注意事项：

①苯甲酰氯易挥发并有刺激性气味，使用时操作应迅速，并避免吸入其蒸气。

②苯胺有毒，可透过皮肤吸收引起人体中毒，注意不可直接与皮肤接触。

③芳伯胺与亚硝酸生成重氮盐的反应和重氮盐与萘酚的偶联均需在低温下进行，实验

过程中试管始终不能离开冰水浴。

实验记录(表 10-1):

表 10-1　实验记录表

实验	实验现象	结论
实验 1-1		
实验 1-2		
实验 2-1		
实验 2-2		
实验 2-3		
实验 3-1		
实验 3-2		
实验 3-3		
实验 3-4		
实验 4		
实验 5-1		
实验 5-2		
实验 6-1		
实验 6-2		
实验 7		

【任务解析】

1. 胺的碱性

胺是一类具有碱性的有机化合物。6 个碳以下的胺能与水混溶,其水溶液可使 pH 试纸呈碱性反应,这是检验胺类的简便方法之一,也是鉴定胺类的重要依据。

胺能与无机酸反应生成水溶性的盐,所以不溶于水的胺可溶于强酸溶液中。胺是弱碱,在其盐溶液中加入强碱时,胺又游离出来,利用这一性质,可将胺从混合物中分离出来。反应的化学方程式:

$$C_6H_5NH_2 + HCl \longrightarrow C_6H_5NH_2 \cdot HCl$$

$$C_6H_5NH_2 \cdot HCl + NaOH \longrightarrow C_6H_5NH_2 + NaCl + H_2O$$

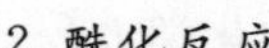

2.酰化反应

胺能与酰氯或酸酐反应生成酰胺。伯胺与苯磺酰氯作用生成的磺酸胺，因氮原子上有酸性氢原子，所以能溶解在氢氧化钠溶液中。反应的化学方程式：

$$C_6H_5NH_2 + C_6H_5SO_2Cl \longrightarrow C_6H_5SO_2NHC_6H_5 + HCl$$

（溶于氢氧化钠）

仲胺与苯磺酰氯作用生成的磺酰胺不溶于氢氧化钠溶液，呈沉淀析出。反应的化学方程式：

$$C_6H_5NHCH_3 + C_6H_5SO_2Cl \longrightarrow C_6H_5SO_2N(CH_3)C_6H_5\text{①} + HCl$$

仲胺

叔胺分子中因氮原子上没有氢原子，不能发生酰化反应。利用这一性质，可鉴别伯、仲、叔三级胺。

3.与亚硝酸的反应

胺类可与亚硝酸发生反应.不同结构的胺反应现象也不相同。脂肪族伯胺与亚硝酸作用生成相应的醇，同时放出氮气。反应的化学方程式：

$$CH_3CH_2CH_2CH_2NH_2 + HNO_2 \longrightarrow CH_3CH_2CH_2CH_2OH + N_2\uparrow + H_2O$$

芳香族伯胺与亚硝酸在低温下作用生成重氮盐，重氮盐与萘酚发生偶联反应生成橙红色的染料。反应的化学方程式：

$$C_6H_5NH_2 + HNO_2 \xrightarrow{HCl} C_6H_5N_2^+Cl^- + 2H_2O$$

芳香族伯胺　　重氮盐

$$C_6H_5N_2^+Cl^- + C_{10}H_7OH \longrightarrow C_6H_5N{=}NC_{10}H_6OH$$

重氮盐　　橙红色染料

仲胺与亚硝酸作用生成黄色的亚硝基化合物（油状物或固体）。反应的化学方程式：

$$C_6H_5NHCH_3 + HNO_2 \longrightarrow C_6H_5N(CH_3)NO + H_2O$$

芳香族仲胺　　黄色亚硝基化合物

①相比伯胺反应产物，无酸性氢原子，因而不溶于氢氧化钠溶液。

芳香族叔胺与亚硝酸作用发生环上取代反应，生成绿色沉淀。反应的化学方程式：

$$C_6H_5N(CH_3)_2 + HNO_2 \longrightarrow p\text{-}ON\text{-}C_6H_4N(CH_3)_2 + H_2O$$

芳香族叔胺　　　　　　绿色沉淀

脂肪族叔胺与亚硝酸发生酸碱中和反应，生成可溶性的盐，没有明显的现象变化。

4. 苯胺与溴水反应

苯胺是重要的芳胺，由于氨基对苯环的影响，具有一些特殊的化学性质。例如，容易与溴水作用生成2,4,6-三溴苯胺白色沉淀，反应的化学方程式：

$$C_6H_5NH_2 + 3Br_2 \xrightarrow{H_2O} C_6H_2Br_3NH_2\downarrow + 3HBr$$

2,4,6-三溴苯胺

此反应灵敏度高，现象明显，可用来鉴定苯胺。苯酚也能发生同样反应，但是苯胺是弱碱性的，苯酚是弱酸性的，可通过检验酸碱性加以区别。

5. 苯胺的氧化

苯胺非常容易被氧化，在空气中可被氧化成红棕色。苯胺与漂白粉作用显紫色，与重铬酸钾的硫酸溶液作用生成黑色的对苯二醌。这些反应都可用来鉴定苯胺。

$$C_6H_5NH_2 \xrightarrow{K_2CrO_7,\ H_2SO_4} O{=}C_6H_4{=}O$$

6. 尿素的弱碱性

尿素是碳酸的二酰胺（$H_2N{-}\overset{\overset{\large O}{\|}}{C}{-}NH_2$），具有弱碱性，可与浓硝酸作用，生成硝酸脲，也可与草酸作用生成草酸脲。反应的化学方程式：

$$H_2N{-}\overset{\overset{O}{\|}}{C}{-}NH_2 + HNO_3 \longrightarrow H_2N{-}\overset{\overset{O}{\|}}{C}{-}NH_2 \cdot HNO_3$$

$$H_2N{-}\overset{\overset{O}{\|}}{C}{-}NH_2 + HOOCCOOH \longrightarrow H_2N{-}\overset{\overset{O}{\|}}{C}{-}NH_2 \cdot H_2C_2O_4$$

7. 尿素的缩合反应

尿素在受热时可发生缩合反应，生成二缩脲。反应的化学方程式：

$$2\,H_2N-\overset{\overset{\displaystyle O}{\|}}{C}-NH_2 \xrightarrow{\triangle} NH_2-\overset{\overset{\displaystyle O}{\|}}{C}-NH-\overset{\overset{\displaystyle O}{\|}}{C}-NH_2 + 2NH_3\uparrow$$

二缩脲与稀硫酸铜溶液在碱性介质中发生显色反应，产生紫红色，可用于尿素的鉴定。

【知识链接】含氮有机化合物的性质

一、硝基化合物

1. 还原反应

硝基化合物容易被还原，最终产物为伯胺。常用的还原方法是化学还原剂(酸性介质中的铁粉)还原法和催化加氢法。例如：

$$C_6H_5-NO_2 \xrightarrow[\triangle]{Fe+HCl} C_6H_5-NH_2$$

欲在苯环上引入氨基，可先将苯硝化，再还原即得。

2. 取代反应

由于苯环上硝基的强吸电子效应，使苯环上的电子云密度降低较多，因此不利于亲电取代反应的进行，硝基是间位定位基。例如：

$$C_6H_6 \xrightarrow[50\sim55\ ℃]{HNO_3,H_2SO_4} C_6H_5NO_2 \xrightarrow[50\sim55\ ℃]{发烟\ HNO_3,H_2SO_4} m\text{-}C_6H_4(NO_2)_2$$

二、胺

脂肪族低级胺如甲胺、二甲胺、三甲胺和乙胺常温下都是气体，丙胺以上的低级胺为液体，高级胺为固体。低级胺能溶于水，有难闻的气味，如三甲胺有鱼腥味，丁二胺(腐胺)和戊二胺(尸胺)有动物尸体腐烂后的气味。芳香胺为高沸点液体或固体，毒性很大，其衍生物还有致癌作用。

伯胺和仲胺分子中的氮原子上都连有氢原子，都能形成分子间的氢键，其沸点明显低于相应的伯醇和仲醇。

1. 碱性

与氨相似，胺分子中的氮原子能接受质子，因此胺具有碱性。

碱性的强弱比较：脂肪胺的碱性略强于氨，芳香胺的碱性显著弱于氨。碱性强弱顺序为：脂肪仲胺＞脂肪伯胺＞脂肪叔胺＞氨＞芳香胺(见表 10-2)。

表 10-2　胺的碱性

	二甲胺	甲胺	三甲胺	氨	苯胺
pK_b	3.27	3.36	4.24	4.75	9.30

2.与酸反应生成盐

胺属于弱碱，能与酸生成盐。胺的盐和羧酸盐一样，都是结晶固体，易溶于水而不易溶于非极性溶剂，其水溶液呈酸性，遇强碱又电离出胺来。例如：

$$CH_3CH_2NH_2 + HCl \longrightarrow CH_3CH_2NH_3^+Cl^-$$

$$C_6H_5{-}NH_2 + HCl \longrightarrow C_6H_5{-}NH_3^+Cl^-$$

以上性质可用于胺的鉴别、分离和提纯。在制药过程中，常将含有氨基、亚氨酸基等难溶于水的药物与酸发生反应生成盐，以供药用。例如：为了增大普鲁卡因的水溶性，临床上用盐酸普鲁卡因。

胺的盐也可用分子化合物的形式表示。例如：氯化甲铵可写成 $CH_3NH_3 \cdot HCl$，称为盐酸甲胺；氯化苯胺可写成 $C_6H_5NH_2 \cdot HCl$，称为盐酸苯胺。

3.酰化反应

胺的酰化反应是指氨分子中氮原子上连接的氢原子，被酰基(RCO—)取代的反应。叔胺的氮原子上因无氢原子，不能发生此反应。酰卤和酸酐是常用的酰化试剂。

$$(Ar)RNH_2 + R'{-}\overset{O}{\overset{\|}{C}}{-}Cl \longrightarrow (Ar)RNH{-}\overset{O}{\overset{\|}{C}}{-}R' + HCl$$

$$(Ar)R_2NH + R'{-}\overset{O}{\overset{\|}{C}}{-}O{-}\overset{O}{\overset{\|}{C}}{-}R'' \longrightarrow (Ar)R_2N{-}\overset{O}{\overset{\|}{C}}{-}R' + R''COOH$$

大多数胺是液体，经酰化后生成的酰胺均为固体，具有固定的熔点，易水解为原来的胺。因此酰化反应可用于胺类的分离、提纯与鉴别。在有机合成上，酰化反应还可用以保护芳环上的氨基。

伯胺与仲胺也可以与苯磺酰氯反应，生成苯磺酰胺，此类反应称为兴斯堡反应。叔胺中氮原子上无氢原子，因而不能发生此反应。

$$(Ar)RNH_2 + C_6H_5{-}SO_2{-}Cl \longrightarrow (Ar)RNH{-}SO_2{-}C_6H_5\downarrow + HCl$$

$$(Ar)R_2NH + C_6H_5{-}SO_2{-}Cl \longrightarrow (Ar)R_2N{-}SO_2{-}C_6H_5\downarrow + HCl$$

反应在碱性介质中进行时，伯胺反应生成的苯磺酰胺，氮原子上还有一个氢原子，受苯磺酰基的强吸电子诱导效应的影响而显示弱酸性，可溶于碱性溶液。而苯磺酰仲胺氮原子上没有氢原子，不能溶于碱性溶液。利用兴斯堡反应可以鉴别和分离不同类型的胺(见表 10-3)。

$$(Ar)RNH{-}SO_2{-}C_6H_5 \underset{HCl}{\overset{NaOH}{\rightleftharpoons}} Na^+\left[(Ar)RN{-}SO_2{-}C_6H_5\right]^-$$

表 10-3　通过酰化反应对各级胺的鉴定

类型	与苯磺酰氯反应情况	产物在氢氧化钠溶液中溶解情况	实验现象
伯胺	反应	溶解	与苯磺酰氯反应，产物溶解于氢氧化钠溶液
仲胺	反应	不溶解	与苯磺酰氯反应，再加入氢氧化钠溶液后呈沉淀析出
叔胺	不反应	—	加入苯磺酰氯无反应现象

4. 与亚硝酸反应

亚硝酸不稳定，实验室中一般现用现配。

(1)伯胺与亚硝酸的反应

①伯胺与亚硝酸的反应生成醇，并定量放出氮气，可用于测定氨基的含量。

$$RNH_2 \xrightarrow{NaNO_2+HCl} ROH + N_2\downarrow$$

②芳香伯胺与亚硝酸在过量无机酸和低温下变为芳香重氮盐，此反应称为重氮化反应。

$$Ar{-}NH_2 \xrightarrow[0\sim5\ ℃]{NaNO_2+HCl} Ar{-}N_2^+\ Cl^-$$

重氮盐不稳定，如果温度略高，重氮盐即分解成酚和氮气，结果与脂肪伯胺相似。例如：

$$C_6H_5{-}NH_2 \xrightarrow[0\sim5\ ℃]{NaNO_2+HCl} C_6H_5{-}N_2^+\ Cl^- \xrightarrow[\triangle]{H^+} C_6H_5{-}OH + N_2\uparrow$$

(2)仲胺与亚硝酸的反应

脂肪仲胺或芳香仲胺与亚硝酸生成 *N*-亚硝基化合物，为黄色油状物。例如：

$$CH_3CH_2{-}NH{-}CH_3 \xrightarrow{NaNO_2+HCl} CH_3CH_2{-}N(NO){-}CH_3$$

$$C_6H_5{-}NH{-}CH_2CH_3 \xrightarrow{NaNO_2+HCl} C_6H_5{-}N(NO){-}CH_2CH_3$$

(3)叔胺与亚硝酸的反应

①脂肪叔胺氮原子上没有氢原子，不能进行亚硝基化，只能形成不稳定的亚硝酸盐。

$$(CH_3CH_2)_3N \xrightarrow{NaNO_2+HCl} [(CH_3CH_2)_3{}^+NH]NO_2^-$$

②芳香叔胺与亚硝酸作用，在对位上引入亚硝基，如对位被其他基团占据，则亚硝基将在邻位上取代。例如：

$$C_6H_5{-}N(CH_3)_2 \xrightarrow{NaNO_2+HCl} ON{-}C_6H_4{-}N(CH_3)_2$$

③亚硝基芳香叔胺在碱性溶液中呈翠绿色，在酸性溶液中由于互变成醌式盐而呈橘黄色。可利用胺类与亚硝酸的反应鉴别伯、仲、叔胺(见表 10-4)。

$$\text{ON}-C_6H_4-N(CH_3)_2 \underset{OH^-}{\overset{H^+}{\rightleftharpoons}} \text{HO}-N=C_6H_4=N(CH_3)_2$$

表 10-4　通过与亚硝酸反应对各级、各类胺的鉴定

类型		与亚硝酸
脂肪族	伯胺	有氮气放出
	叔胺	无明显现象
芳香族	伯胺	生成重氮盐，可继续与 β-萘酚反应生成橙红色染料
	仲胺	黄色亚硝基化合物
	叔胺	绿色沉淀

5. 氧化反应

胺具有还原性，尤其是芳香胺更易被氧化。例如：纯净的苯胺是无色透明液体，但在空气中放置后，逐渐变为红色至红棕色，这是因为芳香胺被氧化产生醌类、偶氮化合物等有色物质，从而显色。用重铬酸钾的硫酸溶液可将苯胺氧化为对苯醌。

$$C_6H_5NH_2 \xrightarrow[H_2SO_4]{K_2CrO_7} O=C_6H_4=O$$

6. 芳环上的亲电取代反应

芳香胺的氮原子上未共用电子对与苯环发生共轭效应，使苯环电子云密度增加，所以芳香胺更易发生亲电反应且将其他基团引入到其邻、对位。

(1)卤化反应

苯胺又称阿尼林、阿尼林油、氨基苯，分子式为 C_6H_7N。无色油状液体。熔点 −6.3 ℃，沸点 184 ℃，相对密度 1.02 (20/4 ℃)，相对分子量 93.128，加热至 370 ℃ 分解。稍溶于水，易溶于乙醇、乙醚等有机溶剂；可燃，其蒸气与空气混合，能形成爆炸性混合物。

苯胺是最重要的胺类物质之一，但其毒性很大。主要用于制造染料、药物、树脂，还可以用作橡胶硫化促进剂等。它本身也可作为黑色染料使用，其衍生物甲基橙可作为酸碱滴定用的指示剂。

苯胺是重要的芳胺，由于氨基对苯环的影响，具有一些特殊的化学性质。例如：容易与溴水作用生成 2,4,6-三溴苯胺白色沉淀，反应的化学方程式：

$$C_6H_5NH_2 + 3Br_2 \xrightarrow{H_2O} C_6H_2Br_3NH_2\downarrow + 3HBr$$

2,4,6-三溴苯胺

此反应灵敏度高，现象明显，可用来鉴定苯胺。苯酚也能发生同样反应，但是苯胺是弱碱性的，苯酚是弱酸性的，可通过检验酸碱性加以区别。

苯胺非常容易被氧化，在空气中可被氧化成红棕色。

苯胺与漂白粉作用显紫色，与重铬酸钾的硫酸溶液作用生成黑色的苯胺黑。这些反应都可用来鉴定苯胺（见表 10-5）。

表 10-5　鉴定苯胺的各项试验

反应物 1	反应物 2	实验现象
苯胺	溴水	白色沉淀
	氧气	红棕色
	漂白粉	紫色
	重铬酸钾的硫酸溶液	黑色

(2)硝化反应

在芳香胺的硝化反应中，若用浓硝酸作为硝化试剂，浓硝酸的氧化能力很强，能氧化氨基，所以芳香胺的硝化反应不能直接进行，而应先“保护氨基”。要得到对硝基苯胺，可先将苯胺酰化，然后硝化，再水解除去酰基，最后得到对硝基苯胺。

(3)磺化反应

苯胺与浓硫酸作用，首先生成苯胺硫酸盐，该盐在高温下加热脱水并重排，最后生成对氨基苯磺酸。对氨基苯磺酸俗称磺酸胺，是制备磺胺类药物的原料。

$$C_6H_5NH_2 \xrightarrow{H_2SO_4} C_6H_5NH_2\cdot H_2SO_4 \xrightarrow[200\ ℃]{\text{脱水重排}} p\text{-}H_2NC_6H_4SO_3H$$

【拓展知识】常见的胺

1. 乙二胺（$NH_2—CH_2CH_2—NH_2$）

乙二胺是最简单的二元胺，为无色黏稠状液体，易溶于水，是有机合成的原料，常用于药物的合成和乳化剂。乙二胺与氯乙酸反应可制得乙二胺四乙酸，其二钠盐在分析化学中常用作金属螯合剂，也是重金属中毒的解毒药。乙二胺四乙酸的结构式为：

$$\begin{array}{c}HOOCH_2C \diagdown \quad\quad\quad\quad\quad\quad \diagup CH_2COOH \\ N-CH_2CH_2-N \\ HOOCH_2C \diagup \quad\quad\quad\quad\quad\quad \diagdown CH_2COOH\end{array}$$

2. 苯胺($C_6H_5-NH_2$)

苯胺存在于煤焦油中，为无色油状液体，具有特殊气味，微溶于水。苯胺具有毒性，能通过皮肤或其蒸气被吸入等途径使人中毒。若空气中苯胺浓度达到万分之一，几小时后就会出现中毒症状，使人头晕，皮肤苍白，全身无力。这是因为苯胺可以将血红蛋白氧化成高血红蛋白，使其失去携氧功能，因而引起缺氧和抑制中枢神经系统。苯胺还是合成药物和燃料的重要有机原料，工业上苯胺主要由硝基苯还原制得。

3. 苯异丙胺类[$C_6H_5-CH_2CH(CH_3)-NH_2$]

苯异丙胺于1887年合成，是合成的第一种兴奋剂。近年来，甲基苯胺等一些化合物更为流行，它们有很强的成瘾性和致幻性。甲基苯丙胺是一种无味透明晶体，形状像冰糖又称为"冰毒"，是国际、国内严禁的毒品，对人体的损害更甚于海洛因，对心、肺、肝、肾及神经系统有毒害作用，吸、食或注射0.2 g即可致死。近几年，甲基苯丙胺又以"摇头丸""蓝精灵""忘我"等名称出现，造成极大的危害。

课后习题

一、单项选择题

1. 下列物质中，属于叔胺的是(　　)

A. $H_3C-N(CH_3)-CH_3$ （N上连 CH_3）

B. $H_3C-C(CH_3)_2-NH_2$ （C上下各连 CH_3）

C. $H_3C-NH-CH_2CH_3$

D. $CH_3CH_2NH_2$

2. 硝基苯在铁粉和盐酸作用下被还原为(　　)

A. 苯　　B. 联苯胺

C. 苯酚　　D. 苯胺

3. $H_3C-C_6H_4-N(CH_3)-CH_2CH_3$（苯环对位取代）可命名为(　　)

A. 3-甲基甲乙苯胺

B. 3-甲基-*N*-甲基-*N*-乙基苯胺

C. 4-甲基甲乙苯胺

D. 4-甲基-*N*-甲基-*N*-乙基苯胺

4. 比较 NH_3(a), CH_3NH_2(b), $C_6H_5NHCH_3$(c)的碱性，由强到弱排列的顺序是(　　)

A. b>a>c　　　　B. b>c>a

C. c>a>b　　　　D. a>b>c

5. 下列几种物质中，碱性最强的是(　　)

A. $CH_3CH_2NH_2$　　　　B. NH_3

C. $C_6H_5NH_2$　　　　D. $(CH_3)_3N$

6. 下列物质中，能与 HNO_2 反应生成 *N*-亚硝基化合物的是(　　)

A. $CH_3CH_2NH_2$　　　　B. $C_6H_5NHCH_3$

C. $C_6H_5NH_2$　　　　D. $(CH_3)_3N$

7. 在碱性条件下，下列各组物质中，可用苯磺酰氯鉴别的是(　　)

A. 甲胺和乙胺

B. 苯胺和 *N*-甲基苯胺

C. 二乙胺和甲乙胺

D. 二苯胺和 *N*-甲基苯胺

8. 下列物质中，能发生酰化反应的是(　　)

A. $C_6H_5—N(—CH_3)—CH_2CH_3$　　　　B. $CH_3CH_2NH_2$

C. $CH_3CH_2—N(CH_2CH_3)—CH_2CH_3$　　　　D. $(CH_3)_3N$

二、命名下列化合物或者写出结构简式

1. 苯环对位分别连 CH_3 与 NO_2　　　　2. 苯环连 $NHCH_3$

3. $CH_3CH_2NH_2$　　　　4. $CH_3—CH_2—CH(NO_2)—CH_3$

5. 间硝基苯胺　　　　6. 2,4,6-三硝基甲苯

7. 乙酰苯胺　　　　8. 乙二胺

三、完成下列反应方程式

1. 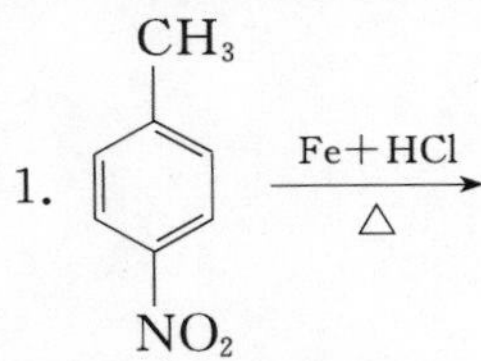

2. $CH_3CH_2CH_2NH_2 + HNO_2 \longrightarrow$

3. C_6H_5—NH—CH_3 $+HNO_2 \longrightarrow$

4. C_6H_5—NH_2 $+Br_2 \xrightarrow{H_2O}$

5. H_3C—C_6H_4—NH_2 $\xrightarrow[0\sim5\ ℃]{NaNO_2+HCl}$

四、思考与讨论

1. 如何鉴别苯胺和环己胺？
2. 可用什么简便方法鉴别苯胺与苯酚？
3. 如何说明尿素具有弱碱性？
4. 对甲苯酚中混有苯胺，如何将其分离并回收？

综合项目　乙酸乙酯的制备

知识目标

理解酯的物理、化学性质；
理解酯的制备原理；
理解分馏和蒸馏的原理。

技能目标

能够正确进行分馏和蒸馏操作；
能够进行乙酸乙酯的制备。

素质目标

培养小组成员间的团队协作能力；
培养学生的动手能力和实验室安全意识。

任务一　实验前准备

【子任务1】认识乙酸乙酯

【任务解析】

乙酸乙酯又称醋酸乙酯，是乙酸中的羟基被乙氧基取代而生成的化合物，结构简式为$CH_3COOCH_2CH_3$(见图1)，纯净的乙酸乙酯是无色透明有芳香气味的液体，微溶于水，溶于醇、酮、醚、氯仿等多数有机溶剂。乙酸乙酯是一种非常重要的有机化工原料和极好的工业溶剂，用途极为广泛，被广泛用于纤维、树脂、橡胶、涂料及油漆的生产过程中。

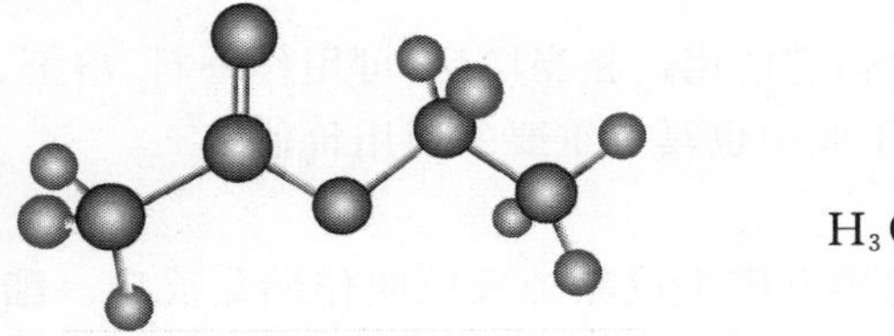

a 球棍模型

O

H_3C　OCH_2CH_3

b 结构简式

图1　乙酸乙酯的结构

阅读材料：为什么陈酒比较香？

俗话说“陈年佳酿”“百年陈酒十里香”。这是指那些经过多年放置的陈酒香味浓郁，饮用时入口甘爽,回味悠长。那么为什么陈酒比新酿造的酒味道更为芳香呢?

酒多以粮食为原料,经发酵作用变为酒精,再经蒸馏,便得到了酒精含量较高的白酒。水果中含有大量的糖,所以用水果也能酿酒。

我们所喝的酒与酒精大不相同。纯净的酒精几乎是没有香味的,而我们所喝的酒大多具有独特的色、香、味。这是因为酒中除了含有酒精之外,还含有糖类、甘油、氨基酸、有机酯和多种维生素。

不论是白酒还是果酒,使其散发芳香气味的功臣便是乙酸乙酯。但新酒中乙酸乙酯的含量微乎其微,且新酒中的醛、酸不仅没有香味,还具有一定的刺激性。所以新酿造的酒喝起来反而有一些苦、涩,需要几个月甚至几年的自然窖藏过程才能消除异味,使其散发浓郁的酒香。新制的酒密封好放在坛里,放置放在温湿度适宜的地方,慢慢发生化学变化,不断地氧化为羧酸,而羧酸再和酒精发生酯化反应,生成具有芳香气味的乙酸乙酯,从而使酒质醇香,这个变化过程就是酒的陈化。这种化学变化的速度很慢,因而需要的时间很长,有的名酒陈化往往需要几十年的时间。

【子任务 2】明确乙酸乙酯的制备原理

通过查阅资料,学习并掌握乙酸乙酯的制备原理和制备方法。

【任务解析】

在少量浓硫酸催化下,乙酸和乙醇生成乙酸乙酯,乙酸乙酯的合成反应必须控制在一定的温度范围内进行,温度太低,反应速率慢;温度过高,则会发生副反应生成乙醚或乙烯。

1. 主反应

$$CH_3CH_2OH + CH_3COOH \xrightleftharpoons[110\sim120\ ℃]{H_2SO_4} CH_3COOCH_2CH_3 + H_2O$$

2. 副反应

$$2CH_3CH_2OH \xrightarrow{H_2SO_4} CH_3CH_2OCH_2CH_3 + H_2O$$

实验室制备时为了提高酯的产量,往往采取加入过量乙醇及不断把反应生成的酯和水蒸出的方法。在工业生产中,一般采用加入过量乙酸,以使乙醇完全转化,避免由于乙醇、水和乙酸乙酯形成二元或三元恒沸物给分离带来困难。

【知识链接 1】酯的制备

羧酸酯是一类重要的化工原料,它的用途相当广泛,可用作香料、溶剂、增塑剂及有机合成的中间体;同时在涂料、医药等工业中也具有重要的使用价值。

1. 酯化反应

在少量催化剂作用下,羧酸和醇反应生成酯的反应叫作酯化反应。酯化反应为可逆反应,要提高产率可加入过量的醇或在反应过程中不断蒸出生成的产物和水,促进平衡向生成酯的方向移动。

在传统的酯化反应中通常采用浓硫酸做催化剂,这是由于浓硫酸价格低廉,催化活性高,易于工业化、连续化生产;但浓硫酸易使有机物炭化、氧化,且选择性差,在二级醇和三级醇的酯化反应中产率低，副反应多，工艺流程长，对设备腐蚀严重，三废处理麻烦。除浓硫酸外，干燥的氯化氢、对甲苯磺酸作为催化剂也经常被运用到酯的合成中。

$$\text{邻羟基苯甲酸(OH, COOH)} + CH_3OH \xrightleftharpoons{H_2SO_4} \text{邻羟基苯甲酸甲酯(OH, COOCH}_3\text{)} + H_2O$$

2. 酰卤的醇解

酰卤的醇解是合成羧酸酯应用最多的方法之一，而其中应用最多的是酰氯。该方法主要是先将有机酸转变为酰氯，酰氯再醇解得到相应的酯。酰化试剂有新制的二氯亚砜($SOCl_2$)、草酰氯($C_2O_2Cl_2$)、光气($COCl_2$)等。在实验室中，比较常用的是采用 $SOCl_2$ 作为酰化试剂。$SOCl_2$ 酰氯酯法的优点是生成酰氯时的副产物是 HCl 和 SO_2，均为气体，有利于分离，且酰氯的产率较高，这将提高下一步反应的活性和产率。其缺点是制备酰氯时需对反应条件进行较严格的控制，如时间、温度等，不易除尽过量的 $SOCl_2$，对设备的腐蚀较严重；而且酰氯需要现制现用，整体合成路线长。酰氯遇水易发生分解，因此反应必须在无水条件下完成。

$$(CH_3)_3C{-}COOH \xrightarrow{SOCl_2} (CH_3)_3C{-}\overset{O}{\overset{\|}{C}}{-}Cl \xrightarrow[\text{吡啶}]{C_6H_5OH} (CH_3)_3C{-}\overset{O}{\overset{\|}{C}}{-}O{-}C_6H_5$$

80%

3. 酸酐的醇解

酸酐和酰卤一样，也很容易醇解。酸酐醇解产生一分子酯和一分子酸，因此是常用的酰化试剂。

$$\text{2-呋喃甲醇(呋喃-CH}_2\text{OH)} + (CH_3CO)_2O \xrightarrow{CH_3COONa} \text{呋喃-CH}_2\text{OCOCH}_3 + CH_3COOH$$

87%～93%

环状酸酐(cyclic acid anhydride)醇解，可以得到分子内具有酯基的酸，具有酯基的酸如欲进一步酯化，需用一般酯化条件，即用酸催化才能进行。

$$\text{丁二酸酐} + CH_3OH \xrightarrow{\text{回流}} HOOC{-}CH_2{-}CH_2{-}COOCH_3 \xrightarrow{CH_3OH,\,H^+} H_3COOC{-}CH_2{-}CH_2{-}COOCH_3$$

丁二酸一甲酯 (95%～96%)　　丁二酸二甲酯

4. 酰胺的醇解

酰胺在酸性条件下醇解为酯：

$$CH_2{=}CH{-}\overset{O}{\overset{\|}{C}}{-}NH_2 \xrightarrow[H^+]{C_2H_5OH} CH_2{=}CH{-}\overset{O}{\overset{\|}{C}}{-}OC_2H_5$$

也可用少量醇钠在碱性条件下催化醇解。

5. 腈的醇解

腈在酸性条件下(如盐酸、硫酸)可用醇处理,也可得到羧酸酯,例如:

$$CH_3CN + C_2H_5OH \xrightarrow{HCl} H_3C{-}\underset{}{\overset{\overset{+}{N}H_2 \cdot Cl^-}{\overset{\|}{C}}}{-}OC_2H_5 \xrightarrow{H_3O^+} H_3C{-}\overset{\overset{O}{\|}}{C}{-}OC_2H_5$$

中间先生成亚胺酯的盐,如在无水条件下,可以分离得到;如有水存在时,则可以直接得到酯。

【知识链接2】文献资料的检索

我们在做化学实验时,需要知道一些有机化合物的理化性质、制备方法、质量标准等技术参数,以便更好地设计实验及控制实验条件,因此要求我们会用工具书查阅相关信息。这里简单介绍几种化学实验中常见的文献资料。

1.《化工辞典》(第4版,王箴主编,化学工业出版社2000年出版)

这是一本综合性的化工工具书,收集了包括化学、化工、医药、环保等各种词目共16 000余条,对所有涉及的化合物都列出了分子式、结构式、基本的理化性质和其他有关数据,并有简要的制法和用途说明。

2.《化学实验规范》(北京师范大学《化学实验规范》编写组编著,北京师范大学出版社1990年出版)

本书编写了各类化学实验的教学要求和规范操作,以及各类实验仪器或装置的构造原理、使用方法与注意事项等。对于规范化学实验的操作具有很好的指导作用,是目前最具权威的化学实验规范的指导书。

3.《有机合成事典》(樊能廷主编,北京理工大学出版社1993年出版)

本书收集了1700多个有机化合物的理化性质及详细的合成方法,附有分子式索引、各类化合物在美国《化学文摘》的登记号等。

4. 化学期刊

涉及化学方面的中外期刊有很多种,其中中文期刊有《中国科学》《化学学报》《有机化学》等。国外主要刊物有《美国化学会志》(J. Am. Chem. Soc)、《有机化学杂志》(J. Org. Chem.)、《英国化学会志》(J. Chem. Soc.)等。

5.《化学文摘》

在众多的文摘性刊物中以美国《化学文摘》(Chemical Abstracts,简称CA)收集文献最全。CA创建于1907年,其检索系统比较完善,有期索引、卷索引,每10卷有累计索引,累计索引主要有作者索引(Author Index)、专利索引(Patent Index)、化学物质索引(Chemical Substance Index)、分子式索引(Formula Index)、普通主题索引(General Subject Index)等。

6. 网络资源

由于网络迅速发展,在网上查阅资料变得非常方便、迅速。这里主要介绍几个相关的常用的网站,方便同学们在学习中进行查询。

①中国知网:http://www.cnki.net/.

②网络图书馆：Internet 图书馆是获取国家图书杂志资料的重要途径之一。如：
中国国家图书馆：http://www.nlc.gov.cn/
清华大学图书馆：http://lib.tsinghua.edu.cn/
北京大学图书馆：http://www.lib.pku.edu.cn/portal/
③数据库资源：有关化学信息数据库中，化学结构数据库占有很高的比例。如：
有机化合物数据库：http://www.colby.edu/chemistry/cmp/cmp.html
化学专业数据库：http://www.organchem.csdb.cn/scdb/default.asp

【子任务3】明确主要原料及产物的性质、原料、用量及理论产量

通过查阅资料，请填写表1数据。

表1　主要原料及产物的性质、原料、用量及理论产量

化合物	*M*(相对分子质量)	熔点/℃	沸点/℃	密度/($g\cdot cm^{-3}$)	溶解性	投料量			理论产量/mL
						体积/mL	质量/g	物质的量/mol	
乙酸									
乙醇									
乙酸乙酯									

【任务解析】

1. 主要原料及产物的性质

(1)乙酸(醋酸、冰乙酸)

分子式：$C_2H_4O_2$

结构简式：CH_3COOH

分子量：60.05

外观：无色液体

MP/BP：16.6/118.1 ℃

密度：1.050 g/cm^3

溶解性：能溶于水、乙醇、乙醚、四氯化碳及甘油等溶剂

(2)乙醇

分子式：C_2H_6O

结构简式：CH_3CH_2OH

分子量：46.07

外观：无色液体

MP/BP：−114.5/78.3 ℃

密度：0.789 g/cm^3

溶解性：与水互溶，可混溶于乙醚、氯仿、甘油、甲醇等多数有机溶剂

(3)浓硫酸(98%)

分子式：H_2SO_4

分子量:98.04

外观:无色液体

MP/BP:10.4/338 ℃

密度:1.84 g/cm^3

溶解性:易溶于水

(4)乙酸乙酯

分子式:$C_4H_8O_2$

结构简式:$CH_3COOC_2H_5$

分子量:88.11

MP/BP:−83.6/77.2 ℃

密度:0.897 g/cm^3

2. 主要原料的用量及理论产量

(1)主要原料用量

乙酸:14.3 mL (15 g, 0.25 mol)

无水乙醇:23 mL (18 g, 0.39 mol)

浓硫酸:3 mL (5.5 g, 0.055 mol)

(2)理论产量的计算

$$CH_3COOH + CH_3CH_2OH \xrightleftharpoons[110\sim120\ ℃]{H_2SO_4} CH_3COOCH_2CH_3 + H_2O$$

化学计量比	1	1	1
投料摩尔数	0.25	0.39	
投料摩尔比	1	1.56	

通过计算可得乙酸与乙醇的投料摩尔比为 1∶1.56,小于化学计量比(1∶1),因此,乙酸是限制反应物,乙醇是过量反应物,乙酸乙酯的理论产量应根据乙酸的投料量来计算。

$$n_{乙酸乙酯} = n_{乙酸} = 0.25\ mol$$

$$m_{乙酸乙酯} = M_{乙酸乙酯} \times n_{乙酸乙酯} = 88.11\ g\cdot mol^{-1} \times 0.25\ mol = 22.03\ g$$

$$V_{乙酸乙酯} = \frac{m_{乙酸乙酯}}{\rho_{乙酸乙酯}} = \frac{22.03\ g}{0.897\ g\cdot cm^{-3}} = 24.6\ mL$$

【子任务 4】列出实验所需仪器,并画出仪器装置图

【任务解析】

1. 实验所需仪器(见表 2)

表 2　所需仪器

序号	仪器或装置名称	型号	数量/只
1	加热套		1
2	三口烧瓶	100 mL,19#	1
3	恒压滴液漏斗	50 mL,19#	1

续表

序号	仪器或装置名称	型号	数量/只
4	温度计	200 ℃	1
5	温度计套管	19＃	1
6	刺形分馏柱	19＃	1
7	直形冷凝管	19＃	1
8	蒸馏头	19＃	1
9	尾接管	19＃	1
10	锥形瓶	100 mL，19＃	2
11	分液漏斗	150 mL	1
12	圆底烧瓶	50 mL，19＃	1

2. 仪器装置图（见图 2 和图 3）

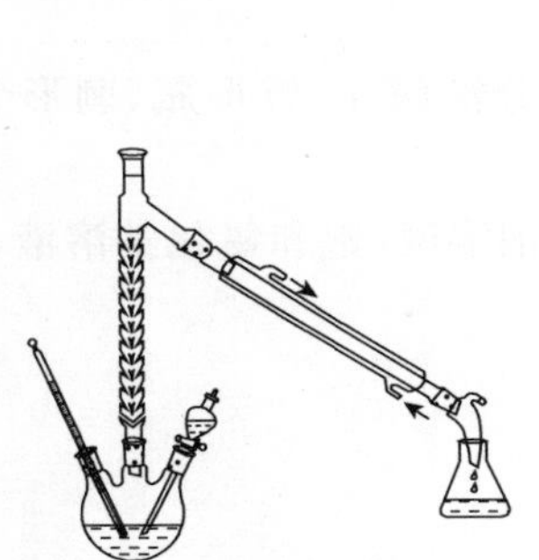
图 2　制备乙酸乙酯的实验装置

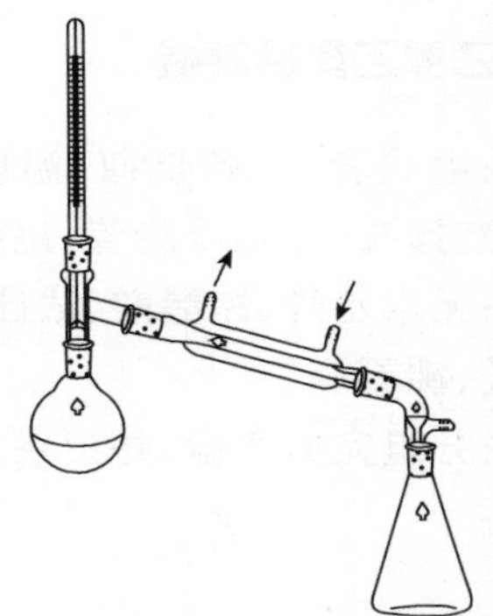
图 3　蒸馏乙酸乙酯的装置

【子任务 5】画出制备乙酸乙酯的实验流程图

查阅资料，画出实验流程图。

【任务解析】

实验流程图见图 4。

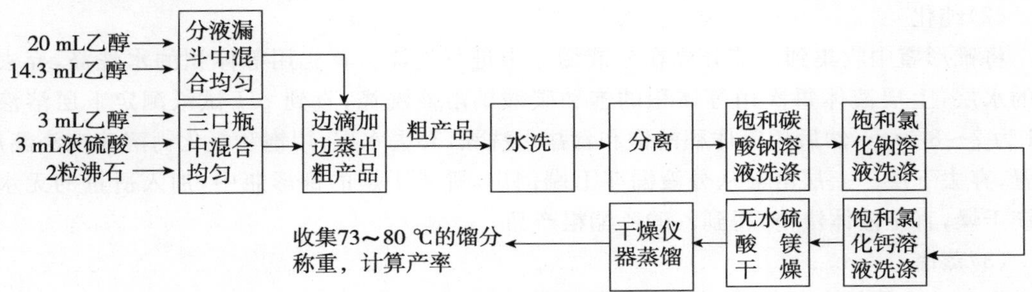

图 4　制备乙酸乙酯的实验流程

【子任务6】书写预习报告

【任务解析】

实验预习报告的主要内容如下：

①实验目的；

②已配平的主、副反应的化学方程式；

③各种原料的用量(质量或体积)，主要原料及产物的物理常数，产物的理论产量；

④画出仪器装置图；

⑤简明的实验步骤(实验流程图)。

任务二　制备乙酸乙酯

【做一做】乙酸乙酯的制备

实验器材：电热套、三颈烧瓶、温度计、玻璃塞、分液漏斗、锥形瓶、刺形分馏柱、三角漏斗、圆底烧瓶、蒸馏头、直型冷凝管、尾接管等。

实验药品：无水乙醇、冰醋酸、浓硫酸、饱和碳酸钠溶液、饱和氯化钠溶液、饱和氯化钙溶液、无水硫酸镁、沸石。

组织形式：分组完成实验，并记录实验现象。

实验内容：

(1)酯化

按图2组装好仪器后，在100 mL三口烧瓶口两侧分别装上量程为200 ℃温度计和滴液漏斗，在一锥形瓶中放入3 mL乙醇，一边摇动，一边慢慢加入3 mL浓硫酸，并将此溶液倒入三颈烧瓶中，混合均匀，加入2～3粒沸石。配制20 mL乙醇和14.3 mL冰醋酸的混合溶液倒入滴液漏斗，漏斗末端浸入液体中。三口烧瓶中口装上刺形分馏柱，上端用软木塞封闭，支管口与直形冷凝管连接，接液管的末端伸入锥形瓶中。

组装完成后，开始用电热套小心地加热，温度上升到100 ℃时开始滴加液体。控制反应温度在110～120 ℃，大约70 min滴加完毕，反应1.5 h即可停止加热。

(2)纯化

将锥形瓶中收集到的馏分放在分液漏斗中进行洗涤。首先用等体积的水洗涤，弃去下面的水层，上层液体每次用等体积的饱和碳酸钠溶液洗涤，直到pH试纸测定上层溶液的pH为7～8为止；然后用等体积的饱和食盐水洗涤，弃去水层；用饱和氯化钙溶液洗涤酯层，静置，弃去下层。上层溶液从分液漏斗上端倒出，置于干燥的锥形瓶中，加入适量的无水硫酸镁干燥，直至液体澄清，得到乙酸乙酯粗产品。

(3)蒸馏

将乙酸乙酯粗产品过滤后移至50 mL圆底烧瓶中，加入沸石，如图3搭建蒸馏装置，水浴加热，收集73～78 ℃馏分，称量，密塞，贴标签。

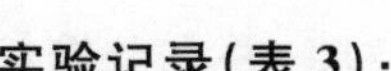

实验记录(表 3):

表 3　实验记录

时间	操作步骤	现象	备注

【任务解析】

关键操作:

①浓硫酸加入时,需缓慢滴加,防止局部大量放热引起暴沸;

②酯化反应与蒸馏过程均须加入沸石;

③须把温度计的水银球浸入混合液中,控制混合液受热温度在 110～120 ℃,温度过高会增加副产物的含量;

④洗涤时注意放气,有机层用饱和 NaCl 溶液洗涤后,尽量将水相分离干净;

⑤乙酸乙酯粗产品须彻底干燥,乙酸乙酯与水能够形成共沸物,从而影响酯的产率。

【知识链接】分馏

一、基本原理

利用分馏柱(工业上用分馏塔),使沸点相差较小的液体混合物进行多次部分汽化和冷凝,以达到分离不同组分的目的。这种操作过程称为分馏,又称为分级蒸馏或精馏。它是分离、提纯沸点相近的液体混合物的常用方法。当今最精密的分馏设备可以分离沸点相差 1～2 ℃的液体混合物。

如果将液态混合物加热至沸,当蒸气进入分馏柱时,被柱外空气冷却,发生部分冷凝,放出热量使下降的冷凝液部分汽化,两者间发生了热交换。由于高沸点组分易冷凝,低沸点组分易汽化,故上升的蒸气中低沸点组分增加,而下降的冷凝液中高沸点组分增加。如果进行多次热交换,即进行多次气、液平衡,可使低沸点组分不断汽化上升至分馏柱顶部被蒸馏出来,而高沸点组分则不断被冷凝流回烧瓶,于是沸点不同的物质便得以分离。与蒸馏一样,分馏操作也不能用来分离恒沸混合物。

二、分馏装置

分馏装置通常由圆底烧瓶、分馏柱、冷凝管、尾接管和接受器组成(见图 5)。

实验室常用的分馏柱见图 6。

为了分离沸点相近的液体混合物,要求分馏柱内的气、液相能够广泛紧密地接触,以利于热交换,因此分馏柱应有足够的高度,分馏柱自下而上应保持一定的温度梯度。

为了使气、液相充分接触,常用填充分馏柱(见图 6 c 和图 6 d),内填形状、尺寸不一的玻璃珠、玻璃环或陶瓷环、金属螺旋圈或钢丝棉等。填料间要有一定的空隙，并在分馏柱底部放置一些玻璃丝或钢丝棉，以防填料落入烧瓶。

当分馏少量液体时，常用刺形分馏柱，又称为韦氏分馏柱(见图 6 a 和图 6 b)，高度为 10～60 cm，视需要选用。其优点为分馏时，黏附在柱内的液体少，但分馏效率较填充柱低。

分馏柱效率与柱的高度、绝热性和填料类型有关。为了使分馏柱内保持一定的温度梯度，加热不能过猛，蒸馏速度不能太快。为了减少热量的损失，防止回流液体在柱内聚集，需在柱外缠绕石棉绳或其他保温材料，如液体沸点较高，则需安装真空外套或电热外套管。

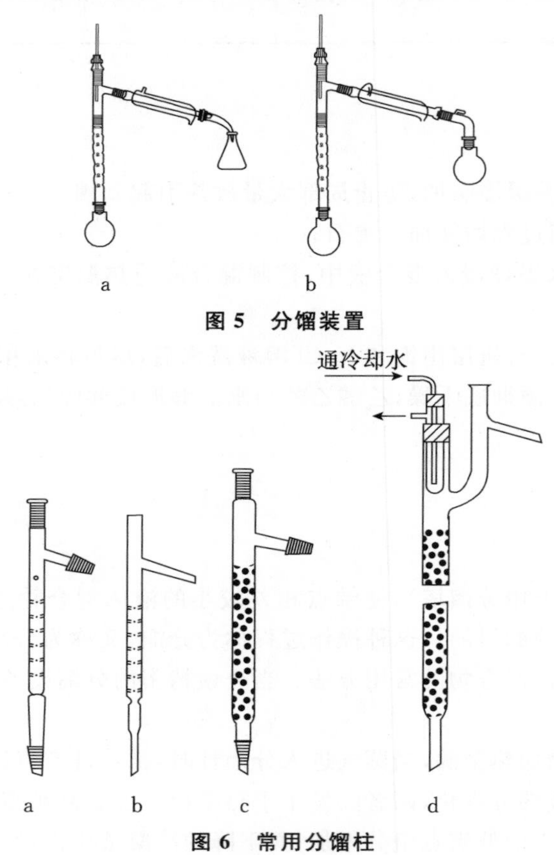

图 5 分馏装置

图 6 常用分馏柱

三、分馏操作

将待分馏物质倒入圆底烧瓶，其量以不超过烧瓶容量的 1/2 为宜，投入几粒沸石，安装分馏装置。经检查装置合格后，通冷却水，根据待分馏液的沸点范围选择合适的热浴加热。待液体开始沸腾，温度计水银球部出现液滴时，移去热源，使蒸气缓慢上升以保持分馏柱内温度梯度，并有足够量的液体从分馏柱流回烧瓶，选择合适的回流比，控制馏出液的速度为每 2～3 s 一滴。根据实验规定的要求，分段收集馏分，记录各馏分的沸点范围及体积。

任务三　分析实验结果

实验完成后，请将实验结果列于表4。

表4　实验结果数据

产品名称	外观	沸程/℃	实际产量	理论产量	产率

注：实际产量和理论产量的单位为克(g)或毫升(mL)。

【任务解析】

实验前，根据主反应的反应方程式计算出理论产量，计算方法是以相对用量较小的反应物——限制反应物乙酸为基准物质，计算出乙酸乙酯的理论产量为22.03 g或24.6 mL(见任务一中的子任务3)。反应结束后，假设得到的产品的18.5 g，那么其产率：

$$Y_P=\frac{m_{实}}{m_{理}}=\frac{18.5}{22.03}\times100\%=83.9\%$$

$$Y_P=\frac{V_{实}}{V_{理}}\cdot\frac{\frac{m_{实}}{\rho_{乙酸乙酯}}}{V_{理}}=\frac{\frac{18.5}{0.897}}{24.6}\times100\%=83.9\%$$

【知识链接】有机合成计算相关概念

1. 反应物的摩尔比

指加入反应器中的几种反应物之间的物质的量(摩尔)之比。

2. 限制反应物和过量反应物

化学反应物不按化学计量比投料时，以最小化学计量数存在的反应物叫作限制反应物，而投入量超过限制反应物完全反应的理论量的反应物叫作过量反应物。

3. 过量百分数

过量反应物超过理论量部分占所需理论量的百分数，叫作过量百分数。

$$过量百分数=\frac{n_e-n_t}{n_t}\times100\%$$

式中：n_e——过量反应物的物质的量；

n_t——与限制反应物完全反应所需消耗的过量反应物的物质的量。

4. 转化率

某一反应物A反应掉的量$n_{A,R}$占其投料量$n_{A,in}$的百分数叫作反应物A的转化率X_A。

$$X_A=\frac{n_{A,R}}{n_{A,in}}\times100\%=\frac{n_{A,in}-n_{A,out}}{n_{A,in}}\times100\%$$

5. 理论收率

当输入反应物A的物质的量为$n_{A,in}$时，实际得到的目的产物P的物质的量n_P占理论应得到的目的产物 P 的物质的量的百分数，叫作理论收率。

$$Y_P = \frac{n_P \dfrac{a}{p}}{n_{A,in}} \times 100\% = \frac{n_P}{n_{A,in} \dfrac{p}{a}} \times 100\%$$

式中，a，p 为反应物 A 与产物 P 的化学计量比。

6. 质量收率

在工业生产中，还常常采用质量收率 y_w 来衡量反应效果。它是目的产物的质量占某一输入反应物质量的分数。

$$y_w = (\text{所得目的产物的质量}) / (\text{输入某反应物的质量})$$

任务四　完成有机化学实验报告

【写一写】完成乙酸乙酯制备的有机化学实验报告

【任务解析】

实验后要分析现象，整理有关数据，得出结论，并按一定的格式及时写好实验报告。实验报告是总结实验进行的情况、分析实验中出现的问题、整理归纳实验结果的一个重要环节，是使学生从感性认识提高到理性思维阶段的必不可少的一步。因此，必须认真写好实验报告。

实验报告的参考格式如下：

有机化学实验报告(合成实验)

班级________　组________　姓名________　学号________　同组人________

实验名称____________________　实验日期____________________

一、实验目的和要求

二、主要仪器设备、药品

三、实验基本原理（写出主、副反应方程式）及实验仪器装置简图

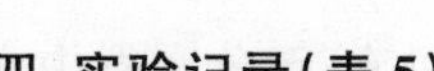

四、实验记录(表 5)

表 5　实验记录

时间	操作步骤	现象	备注

五、实验数据记录及计算(表 6 和表 7)

表 6　主要原料及产物的性质、用量及理论产量

化合物	M(相对分子质量)	熔点/℃	沸点/℃	密度/$(g \cdot cm^{-3})$	溶解性	投料量			理论产量/mL
						体积/mL	质量/g	物质的量/mol	

表 7　实验结果数据

产品名称	外观	沸程/℃	实际产量	理论产量	产率

注:实际产量和理论产量的单位为克(g)或毫升(mL)。

六、讨论

【拓展任务】乙酸异戊酯的制备

实验器材:加热套、球形冷凝管、球形分液漏斗、铁架台(带铁圈)、锥形瓶、量筒、搅拌器、温度计、三口烧瓶、蒸馏装置、直型冷凝管。

实验药品:冰醋酸 24 mL (21.6 g , 0.351 mol)、异戊醇 18 mL(14.6 g,0.16 mol)、对甲基苯磺酸 1.5 g、10%碳酸氢钠溶液 80 mL。

组织形式:分组完成实验,并记录实验现象。

实验内容:

(1)酯化

在带有温度计、搅拌器、分水器(分水器上端接回流冷凝管)的烧瓶中,加入 24 mL(21.6 g , 0.351 mol)乙酸、18 mL (14.6 g,0.16 mol)异戊醇和 1.5 g 对甲基苯磺酸,再加入几粒沸石。参照实验装置图(见图 7)安装带有分水器的回流装置。分水器中事先充水至比支管口略低处，并放出比理论出水量稍多些的水。用电热套或甘油浴加热回流，至分水器中水层不再增加为止，反应约需 1.5 h。

(2)洗涤

撤去热源，稍冷后拆除回流装置。待烧瓶中反应液冷至室温后，将其倒入分液漏斗中(注意勿将沸石倒入)，用 30 mL 冷水淋洗烧瓶内壁，洗涤液并入分液漏斗。充分振摇，静置。待液层分界清晰后，移去分液漏斗顶塞(或将塞孔对准漏斗孔)，缓慢旋开旋塞，分去水层。有机层用 20 mL 10% 碳酸氢钠溶液分两次洗涤。最后用饱和氯化钠溶液洗涤一次。分去水层，有机层由分液漏斗上口倒入干燥的锥形瓶中。

(3)干燥

向盛有粗产物的锥形瓶中加入 2 g 无水硫酸镁，配上塞子振摇至液体澄清透明，若不透明，再加入 1 g 无水硫酸镁，放置 20 min。

(4)蒸馏

参照蒸馏装置图(见图 3)装配常压蒸馏装置，将干燥好的粗酯小心滤入烧瓶中，放入几粒沸石，加热蒸馏，用干燥并事先称量好质量的锥形瓶收集 138～142 ℃的馏分(见图 7)。

(5)结果

称量产品质量，计算产率。

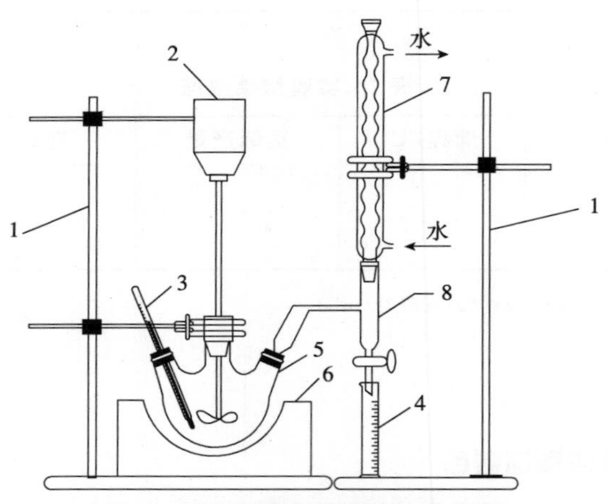

图 7　制备乙酸异戊酯的实验装置

1—铁架台；2—搅拌器；3—温度计；4—量筒；5—三口烧瓶；6—加热套；7—球形冷凝管；8—分水器

实验记录(表 8)：

表 8　实验记录

时间	操作步骤	现象	备注

思考：

1.洗涤时，为什么不是直接用10%碳酸氢钠溶液洗涤，而要先经过水洗？

2.两次碱洗后，再用饱和氯化钠溶液洗涤的目的是什么？为什么用饱和氯化钠溶液而不用纯水？

3.有没有更好的方法能确切地判断出反应终点？

4.酯化反应结束后，不经后面的后处理，能否粗略地估算出产品的收率？

5.传统酯化反应的催化剂是浓硫酸，查阅文献，对甲基苯磺酸做酯化反应催化剂，相比浓硫酸有哪些优点？

附录　常见有机化合物的物理常数

化合物	M(相对分子质量)	熔点/℃	沸点/℃	相对密度(d_4^{20})	折射率	溶解性
苯胺	93.13	−6.2	184.1	1.0217	—	易溶于水
苯酚	94	42～43	182	1.071	1.5425	易溶于水
苯甲醇	108	−15.3	205.3	1.045	1.5392	难溶于水
苯甲酸	122.12	122	249	1.2659	—	难溶于水
苯甲醛	106	−26	179.0	1.046	—	微溶于水
苯氧乙酸	152	99	285	—		微溶于水
丙酮	58.08	−94.6	56.2	0.7899	1.359	易溶于水
丙烯醛	56	−87.7	52.5	0.84	—	微溶于水
冰醋酸	60.05	16.6	117.9	1.0492	—	易溶于水
乙酸酐	102.09	−73	139	1.082	1.3904	在水中逐渐分解
对氨基苯甲酸	135	187～188	—	1.374	—	微溶于水
对氨基苯磺酸	173.18	288	—	1.485	—	微溶于水
对硝基苯胺	138.13	147.5	—	1.424	—	微溶于水
对硝基苯甲酸	167	242	—	1.550	—	难溶于水
N,*N*-二甲基甲酰胺	73	−61	153	0.9487	—	易溶于水
环己醇	100.16	25.2	161.1	0.9624	—	微溶于水
环己酮	98.14	−16.4	155.7	0.9478	—	微溶于水
甲苯	92.13	−95	110.6	0.866	—	微溶于水
甲醛	30	−92	−19.5	1.067	—	易溶于水
甲基橙	327.34	—	—	—	—	难溶于水
己二酸	145.14	152	330.5	1.366	—	微溶于水
邻硝基苯胺	138.13	71.5	284	1.4242	—	微溶于水
水杨酸	138.12	159	211	1.443	—	微溶于冷水，易溶于热水

续表

化合物	M(相对分子质量)	熔点/℃	沸点/℃	相对密度(d_4^{20})	折射率	溶解性
氯磺酸	116.5	80	151～152	1.753	—	易溶于水
氯乙酸	94.5	—	—	1.37	—	微溶于水
1-溴丁烷	137.03	—	101.6	1.299	—	难溶于水
乙醇	46.07	−114.5	78.4	0.7893	1.36	易溶于水
乙醛	44	−123.5	20.2	0.783	1.3318	易溶于水
乙酸乙酯	88.12	−83.6	77.1	0.9003	1.3727	微溶于水
乙酰苯胺	135.17	114	—	1.219	—	微溶于水
乙酰水杨酸	180.16	135～138	—	1.35	—	微溶于水
乙醚	74	—	34.5	0.7135	—	难溶于水
异丙醇	60.09	−89.5	82.5	0.7854	1.3776	易溶于水
异丁醛	72	−65.9	64.5	0.795	1.3730	微溶于水
月桂醇	186	24	255～259	0.831	—	不溶于水
正丁醇	74.12	—	117.2	0.8098	1.3862	易溶于水
正丁醛	72	—	75.7	0.8170	1.379	微溶于水

参考文献

[1] 周志高,初玉霞.有机化学实验[M].3版.北京:化学工业出版社,2011.
[2] 段益琴.有机化学与实验操作技术[M].北京:化学工业出版社,2013.
[3] 郭书好.有机化学实验与指导[M].广州:暨南大学出版社,1999.
[4] 洪庆红.有机化学实验操作技术[M].北京:化学工业出版社,2008.
[5] 刘斌.有机化学[M].2版.北京:高等教育出版社,2015.
[6] 高职高专化学教材编写组.有机化学[M].北京:高等教育出版社,2013.